人工智能通识与 AIGC 应用

王　磊　何宗要　主　编
王德如　薛明志　马　骏　副主编

清華大学出版社
北　京

内容简介

本书第Ⅰ篇主要涵盖人工智能概述、伦理、大语言模型、智能体、生成式AI等内容，每个项目以实际场景切入，引导学生分析问题并实践。第Ⅱ篇聚焦文本生成，数据分析，图像、语音、视频生成，AI辅助编程等实践技能，帮助学生使用低代码工具(如DeepSeek、Midjourney)解决实际问题。第Ⅲ篇适合信息类专业的学生深入学习。本书案例均源于校园生活与产业需求，有助于强化学生将技术与场景相结合的能力。项目1~11使用零代码和低代码工具完成，降低了非信息技术专业学生的学习难度。本书免费提供教学资源，可扫封底二维码下载。

本书可以作为高等职业院校、应用型本科、中等职业学校人工智能通识课的教材。

图书在版编目(CIP)数据

人工智能通识与AIGC应用 / 王磊, 何宗要主编.

北京 : 清华大学出版社, 2025. 9(2026.2重印). -- ISBN 978-7-302-70276-4

Ⅰ. TP18

中国国家版本馆CIP数据核字第202531GF04号

责任编辑：王　军
封面设计：孔祥峰
版式设计：思创景点
责任校对：成凤进
责任印制：宋　林

出版发行：清华大学出版社
网　　址：https://www.tup.com.cn，https://www.wqxuetang.com
地　　址：北京清华大学学研大厦A座　　邮　　编：100084
社 总 机：010-83470000　　邮　　购：010-62786544
投稿与读者服务：010-62776969，c-service@tup.tsinghua.edu.cn
质 量 反 馈：010-62772015，zhiliang@tup.tsinghua.edu.cn

印 装 者：三河市天利华印刷装订有限公司
经　　销：全国新华书店
开　　本：190mm×260mm　　**印　　张：**11.25　　**字　　数：**267千字
版　　次：2025年9月第1版　　**印　　次：**2026年2月第5次印刷
定　　价：49.80元

产品编号：113384-01

序言 PREFACE

人工智能通识教育：赋能高技能人才的新时代序章

我们正身处一个被智能技术深刻重塑的时代。人工智能 (AI) 已从实验室走向千行百业，从尖端概念演变为驱动产业升级的核心引擎。从车间智能机器人的精准操控到供应链预测模型的优化决策，从智慧医疗影像的辅助诊断到客户服务过程中自然语言处理的流畅交互，人工智能正以前所未有的广度和深度融入职业场景，重新定义工作内涵与技能图谱。

面对这场深刻的技术与产业革命，职业教育肩负着前所未有的使命：培养具备人工智能素养的新时代高技能人才。这些人不仅是熟练的操作者，更应是理解智能技术逻辑、善用智能工具解决实际问题，并能对其应用边界与社会影响保持清醒认知的复合型人才。这正是高职院校开设人工智能通识课的根本逻辑与时代必然。

本书的编写严格遵循《人工智能通识课程体系规范》的团体标准，紧密对接《职业院校人工智能应用指引》的教育教学改革，并深度回应技术快速迭代与行业深度融合的双重挑战。我们深知，人工智能通识教育绝非简单的“科普”，是赋能个体、塑造未来的关键一步。它关乎每一位高职学生能否在智能时代赢得职业尊严、实现人生价值，也关乎我国能否从“制造大国”迈向“智造强国”，培养出规模宏大、素质优良的高技能人才大军。本书的核心目标在于：

(1) 奠基认知，破除神秘：系统、准确地阐释人工智能的基本概念与发展脉络、核心技术、典型应用，帮助学生构建清晰、科学的技术认知框架，破除对“黑箱”的盲目崇拜或恐惧。

(2) 聚焦应用，赋能实践：紧密结合高职学生未来职业领域，结合校园生活场景，引导学生思考如何优化流程、提升效率、创造价值。

(3) 塑造思维，提升素养：着力培养“人工智能思维”，包括理解数据驱动决策的价值、掌握问题拆解与模型化思路，以及利用 AI 工具探索创新的意识。

(4) 强化伦理，明确责任：深刻探讨人工智能应用引发的伦理挑战(如算法偏见、隐私保护、安全可控性等)与社会影响，引导学生树立负责任的技术价值观，理解在职业活动中应用AI的道德边界与社会责任，成为技术向善的践行者。

(5) 启迪终身学习，应对未来变革：激发学生对人工智能领域持续探索的兴趣，培养其适应技术快速迭代的自主学习能力与开放心态，为职业生涯的可持续发展奠定坚实基础。

为实现上述目标，本书在内容设计与编排上力求体现以下几点。

- 专业性：内容科学、严谨，概念表述精准，技术原理阐释深入浅出，确保知识体系的准确性与前沿性。紧密跟踪大模型、AIGC 等技术的最新发展趋势及其在产业中的应用潜力。
- 普适性：立足高职学生知识背景，避免艰深的数学推导，语言力求清晰、生动、易懂，强调直观理解与实际联系。大量采用来自校园的案例，确保不同专业背景的学生都能学懂、会用、有共鸣。
- 引领性：超越单纯的知识传授，强调思维塑造与能力培养。突出职业教育的类型特色，强化 AI 作为通用赋能技术在提升职业综合能力方面的核心作用。
- 实践导向：设计丰富的课堂活动、讨论议题和基于真实场景的实训项目，强调学以致用，在做中学，在思中悟。

本书在河南省人工智能学会的统筹下，组织相关领导、专家团队编写完成，凝聚了高职院校一线教师、人工智能领域的专家和学者，以及行业企业技术骨干的集体智慧。我们深入企业调研，了解真实岗位对 AI 素养的需求；我们反复研讨课程大纲，确保内容精准匹配高职人才培养定位与通识课教学目标；我们精心打磨每一个案例与表述，力求在专业性与可读性之间找到最佳平衡点。

本书的编写过程亦是对人工智能教育本质的持续叩问：在技术狂飙突进的时代，职业教育如何坚守育人为本的初心？我们的答案是：不仅要教会学生如何与机器“对话”，更要启迪他们思考如何让技术服务于人的全面发展与增进社会福祉；不仅要培养学生驾驭工具的能力，更要塑造其作为技术主体的责任与远见。我们期望，通过这门课程的学习，学生能够做到以下几点。

- 看得懂：洞悉身边 AI 应用的底层逻辑，不再雾里看花。
- 用得上：掌握运用 AI 工具提升专业效率、解决工作难题的基本方法。
- 想得深：对技术发展保持独立思辨，明晰应用的伦理边界与社会责任。
- 走得远：奠定在智能化浪潮中持续学习、适应变革、创新发展的能力基石。

本书是我们对这一时代命题的探索与实践。我们深知，人工智能领域日新月异，通识教育亦须与时俱进。我们热忱欢迎广大师生、行业同仁在使用过程中提出宝贵意见，共同推动人工智能通识教育在高职沃土上生根发芽、枝繁叶茂，为培养堪当民族复兴重任的大国工匠、能工巧匠贡献智慧与力量！

是为序。

教材编写委员会
2025 年 7 月 16 日

目录 CONTENTS

第Ⅰ篇　基础知识 /001

项目 1　人工智能概述 ······ 002

1.1　人工智能的发展 ······ 003

1.1.1　人工智能的起源与早期思想 ······ 003

1.1.2　人工智能的发展历程与关键突破 ······ 005

1.1.3　人工智能的未来展望与挑战 ······ 007

1.2　人工智能的定义与分类 ······ 008

1.2.1　人工智能的多视角定义 ······ 008

1.2.2　人工智能的分类 ······ 008

1.3　人工智能的核心要素 ······ 009

1.4　人工智能的应用 ······ 011

实训任务 ······ 012

任务 1　了解生活领域的 AI 应用 ······ 012

任务 2　了解行业领域的 AI 应用 ······ 014

拓展知识 ······ 014

作业与测评 ······ 014

项目 2　人工智能伦理与责任 ······ 015

2.1　人工智能伦理的重要性 ······ 017

2.2　人工智能伦理的核心原则 ······ 017

2.2.1　尊重隐私原则 ······ 017

2.2.2　公平公正原则 ······ 018

2.2.3　责任明晰原则 ······ 018

2.2.4　透明可解释原则 ······ 018

2.2.5　可持续发展原则 ······ 018

2.2.6　人类主导原则 ······ 019

2.3　人工智能伦理的核心问题与场景 ······ 019

2.3.1　身份真实性（涉及人格权、社会信任危机） ······ 019

2.3.2　内容版权与知识产权 ······ 019

2.3.3　教育与学术研究 ······ 020

2.3.4　隐私权与系统偏见 ······ 020

2.4　解决人工智能伦理问题的策略 ······ 020

2.4.1　技术层面：从源头降低伦理风险 ······ 021

2.4.2　制度层面：构建全流程监管体系 ······ 021

2.4.3　管理层面：透明化与权责划分 ······ 021

2.4.4　教育层面：提升伦理意识与能力 ······ 022

2.4.5　典型场景策略应用：校园 AI 监控系统 ······ 022

2.4.6　应急响应与风险预案 ······ 022

2.5 伦理问题分析……023
2.5.1 伦理问题分析方法论……023
2.5.2 伦理分析实用工具……023
2.5.3 典型场景分析示例：校园AI监控系统……024
2.5.4 工具整合与实践建议……024
实训任务……025
任务1 AI推荐系统公平性优化……025
任务2 检测校园监控系统数据偏见……026
拓展知识……027
作业与测评……028
项目3 大语言模型概述……029
3.1 大模型的相关概念……030
3.2 大模型的关键特征……031
3.3 大模型的原理……032
3.4 大模型的发展历程……033
3.5 人工智能与大模型的关系……035
3.6 大模型的分类……035
3.7 大模型的应用领域……036
实训任务……037
任务1 用大模型生成校园新闻稿……037
任务2 设计招生咨询智能回答助手……038
拓展知识……039
作业与测评……040
项目4 智能体……041
4.1 智能体的核心组成……043
4.2 智能体的类型与应用场景……044
4.3 智能体的进阶能力与优化方向……045
实训任务……046
任务1 选择智能体类型……046
任务2 智能图书管理员助手……047
拓展知识……048
作业与测评……049
项目5 生成式人工智能……050
5.1 AIGC的概念……051
5.2 AIGC与大模型的关系……052
5.3 常见的AIGC应用场景……052
5.4 常用的AIGC大模型工具……054
5.5 AIGC大模型的提示词……055
实训任务……056
任务1 生成音乐节预告文案……056
任务2 设计包含荧光棒元素的主视觉图……058
任务3 合成30秒的预热视频……059
拓展知识……063
作业与测评……064
第II篇 AIGC实践 /065
项目6 文本生成实践……066
6.1 基本原理与步骤……068
6.2 核心技术……069
6.3 应用场景……070
6.4 常用工具……071
实训任务……071
任务1 使用文心一言制作“校园歌手大赛”宣传文案……071
任务2 使用豆包生成“校园歌手大赛”宣传文案……075
任务3 制作“校园歌手大赛”策划案汇报PPT……078
拓展知识……085
作业与测评……085
项目7 数据分析实践……086
7.1 AIGC数据分析流程……088
7.1.1 数据收集与清洗……088
7.1.2 数据描述分析……090

7.1.3 文本情感分析……091
7.1.4 可视化与报告生成……093
7.2 AIGC 数据分析的优势与风险……094
7.2.1 AIGC 数据分析的优势……094
7.2.2 AIGC 数据分析的风险……094
7.2.3 正确使用 AIGC 数据分析……095
实训任务……095
任务 1 用 AI 分析运动会参赛数据……095
任务 2 用 AIGC 进行患者满意度数据分析……099
拓展知识……102
作业与测评……103
项目 8 图像生成实践……104
8.1 AIGC 图像生成……105
8.1.1 基本概念……105
8.1.2 图像生成流程……106
8.2 图像生成工具……107
8.3 提示词的编写技巧……107
8.3.1 图像生成提示词的要素……107
8.3.2 初学者写提示词的技巧……108
8.3.3 提示词的优化……108
实训任务……109
任务 1 生成“校园风景摄影大赛”海报 (DeepSeek+ 即梦 AI)……109
任务 2 用 AI 生成电商平台节日促销素材……109
任务 3 游戏工作室用 Midjourney 设计角色原画……110
拓展知识……110
作业与测评……111
项目 9 语音应用实践……112
9.1 基本原理与步骤……114
9.2 核心技术与术语……114
9.3 应用场景……116
9.4 常用工具……117
实训任务……118
任务 1 制作“失物招领”通知……118
任务 2 制作“午间新闻”节目……121
任务 3 声音定制版“失物招领”通知……124
任务 4 英文版“失物招领”通知……126
任务 5 制作有声书……128
拓展知识……131
作业与测评……132
项目 10 视频应用实践……133
10.1 基本原理与步骤……135
10.2 核心技术与术语……135
10.3 常用工具……137
实训任务……138
任务 1 制作动漫社招新短视频……138
任务 2 制作萌宠做饭短视频……142
任务 3 制作安全教育短视频……145
任务 4 制作宝宝睡前故事短视频……146
任务 5 制作中式养生操视频……148
任务 6 制作古风唐朝娘子搞笑视频……149
拓展知识……151
作业与测评……151
项目 11 AI 辅助编程实践……153
11.1 主流 Python 开发工具……155
11.2 常用的 AI 编程工具……156
11.3 AI 编程的开发流程……156
11.4 代码质量与安全管控……157
实训任务……158
任务 1 开发课堂随机抽签系统……158
任务 2 开发校园天气小工具……160
拓展知识……163
作业与测评……166
第Ⅲ篇 专业进阶 /167
参考文献……170

第 I 篇

基础知识

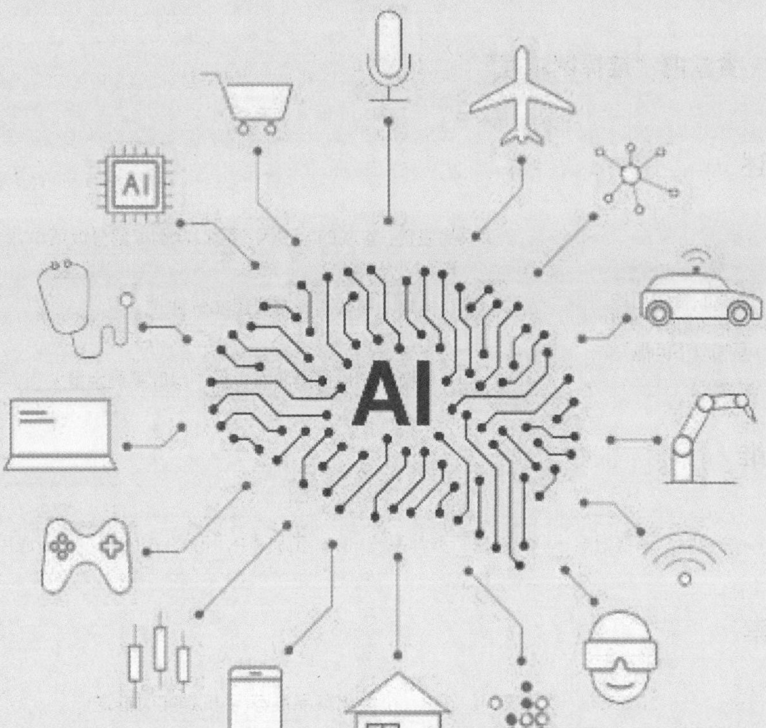

项目 1 人工智能概述

案例导学 食堂的“选择困难症”

场景描述

某高职食堂日均接待3000人，但面临以下问题

- 菜品浪费：40%的学生因不合口味倒掉部分饭菜
- 排队拥堵：午餐高峰排队超20分钟
- 营养失衡：学生偏爱油炸食品，绿叶菜剩余量大

解决思维

问题：食堂浪费 → 数据：消费记录 → 算法：推荐系统 → 工具：Python、Pandas → 应用：手机推送

解决方案

部署AI智能推荐系统，根据学生口味、消费记录、营养数据，实现以下功能

- 个性化菜品推荐(手机端实时推送)
- 动态排队预测(引导分流至人少窗口)
- 营养均衡分析(周报推送饮食建议)

个性化菜品推荐：系统会根据学生的口味偏好和消费记录，推荐符合个人口味且营养均衡的菜品，并通过手机端实时推送，帮助学生选择更合适的菜品。

动态排队预测：系统能够实时监测食堂各窗口的排队情况，并引导学生分流至人少的窗口，从而减少排队时间，提高就餐效率。

营养均衡分析：系统会分析学生一周的饮食数据，生成营养报告，并通过周报的形式推送给学生，帮助他们调整饮食习惯，促进健康饮食。

学生讨论

1. AI是如何获取和分析学生口味偏好、消费记录等数据的？数据的准确性和完整性如何保证？

2. 如果推荐系统不够准确，应该如何优化？如何根据学生的反馈进一步调整推荐算法？

3. 收集学生数据时，如何确保数据隐私和安全？如何平衡数据利用与学生隐私保护之间的关系？

学习导图

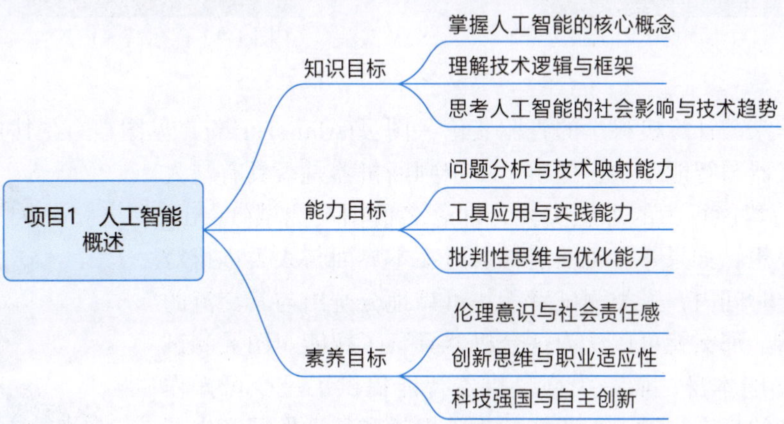

知识学习

1.1　人工智能的发展

1.1.1　人工智能的起源与早期思想

人工智能(artificial intelligence，AI)作为一个综合性的科学领域，其思想萌芽和初步探索主要集中在20世纪中叶。这一时期的关键进展为人工智能的诞生奠定了重要的理论和概念基础。

1. 麦卡洛克-皮茨神经元模型

“人工智能”概念被正式提出之前，学术界已有相关的理论探索。1943年，神经生理学家沃伦·麦卡洛克(Warren McCulloch，见图1-1)和逻辑学家沃尔特·皮茨(Walter Pitts，见图1-2)发表了论文“神经活动中思想的逻辑演算”，提出了第一个人工神经元的可计算模型，即麦卡洛克-皮茨神经元模型。他们证明了这种由简单二元(开和关)单元组成的网络能够完成任何可计算的逻辑功能。这项工作为后来的连接主义(神经网络)研究提供了重要的早期理论启发。

图 1-1　沃伦·麦卡洛克

图 1-2　沃尔特·皮茨

2. 图灵测试

英国数学家、计算机科学的先驱艾伦·图灵(Alan Turing，见图1-3)在其1950年发表的论文“计算机器与智能”中，提出了一个判断机器是否具有与人类无法区分的智能行为的思想实验，即著名的图灵测试(Turing Test)。图灵设想，如果一台机器能够通过文本界面与人类进行对话，且在一定时间内，人类测试者无法可靠地分辨出与其交流的是人还是机器，那么就可以认为这台机器具备了智能。图灵测试并非仅定义智能本身，而是为衡量机器智能提供了一个可操作的、行为主义的标准，对人工智能的哲学思辨和长远发展产生了深远影响，为人工智能的发展奠定了基础。

图 1-3　图灵

3. 达特茅斯会议

1956年，约翰·麦卡锡(John McCarthy)等人在“达特茅斯夏季人工智能研究计划”会议(以下简称达特茅斯会议)中首次提出了“人工智能”这一术语，并将其定义为“制造智能机器，特别是智能计算机程序的科学与工程”。这标志着“人工智能”作为一个特定研究领域的名称被确立下来。会议聚集了一批计算机科学家、数学家和逻辑学家，他们共同探讨了用机器模拟人类学习、语言理解、问题求解、模式识别、创造力等各种智能行为的可能性与实现途径。会议的核心信念如下：学习的每一个方面或智能的任何其他特征原则上都可以被精确地描述，从而可以用机器来模拟它。达特茅斯会议(参会者见图1-4)被广泛视为人工智能诞生的标志，为人工智能后续数十年的探索与发展奠定了组织基础和智力框架，开启了人工智能研究的新纪元。

图 1-4 诞生人工智能的达特茅斯会议参会者(注：图由大模型生成)

1.1.2 人工智能的发展历程与关键突破

自人工智能学科诞生以来，其发展并非一帆风顺，而是呈现波浪式前进、螺旋式上升的特点，经历了多次高潮与低谷的交替。理解这一历程中的关键时期、重要突破以及所面临的挑战，对于把握当前人工智能的发展态势至关重要。

1. 黄金时期(20世纪50年代末至70年代初)

达特茅斯会议之后的十多年，迎来了人工智能的黄金时期，在这一时期，人工智能取得了许多重要突破。

1956年，赫伯特·西蒙(Herbert Simon)和艾伦·纽厄尔(Allen Newell)共同开发了“逻辑理论家”(Logic Theorist)。这是第一个能够证明数学定理的计算机程序，它证明了《数学原理》第二章中的38条定理，其中一条甚至找到了比罗素原文更简洁的证明步骤，标志着机器的符号推理能力得到初步展现。

1959年，纽厄尔和西蒙等人开发了通用问题求解器(General Problem Solver，GPS)，试图模拟人类解决问题的通用方法(如手段-目的分析)，这是早期问题求解研究的重要里程碑。

1958年，约翰·麦卡锡开发了LISP语言，该语言具有强大的符号处理能力和灵活的列表结构，成为人工智能研究的重要工具，也成为之后几十年人工智能领域主要的编程语言，在人工智能语言方面取得了重大进展。

此外，早期的专家系统也开始出现，如1968年斯坦福大学的爱德华·费根鲍姆(Edward Feigenbaum)领导的研究小组研发完成的专家系统DENDRAL，该系统用于化学分子结构分析，为以后专家系统的开发树立了榜样。

2. 低谷期(20世纪70年代初至80年代初)

早期的成功使得人们对人工智能的期望过高，随着研究的深入，一系列难以逾越的障碍开始显现，导致人工智能的发展进入了低谷期，即所谓的“AI寒冬”。

当时的计算机性能有限，无法处理复杂的智能任务。许多AI问题(如搜索、规划)随着问题规模的增大，其计算复杂度呈指数级增长，使得实际求解变得非常困难。同时，人工智能的研究也面临着一些理论和技术难题，如知识表示、推理机制等。这一时期，人工智能的研究进展缓慢，资金投入减少，研究热情降低。

3. 知识工程与专家系统的兴起(20世纪80年代)

经历了“AI寒冬”，人工智能研究者将目标转向更具体、更可控的领域。随着计算机硬件性能的提升和知识工程方法论的成熟，专家系统(见图1-5)迎来了发展的黄金时期。

图 1-5　专家系统示意图（注：图由大模型生成）

20世纪80年代，随着计算机性能的提高和知识工程的发展，人工智能迎来了新的发展机遇。专家系统成为这一时期的主要研究方向，它通过模拟专家的知识和经验，解决特定领域的复杂问题。

MYCIN(始于20世纪70年代初，80年代应用趋于成熟)由斯坦福大学的爱德华·肖特利夫(Edward Shortliffe)等人领导开发，是一个用于诊断细菌感染并推荐合适的抗生素治疗方案的专家系统。它通过运用包含约600条规则的知识库，模拟传染病专家的诊断逻辑和决策过程，在特定医疗领域展现了与人类专家相当的性能，并引入了“置信因子”来处理具有不确定性的信息，是早期医学专家系统研究的典范。

XCON(原名R1，始于20世纪70年代末，在80年代广泛部署)由卡内基梅隆大学的约翰·麦克德莫特(John McDermott)为数字设备公司(Digital Equipment Corporation，DEC)开发，是一个用于自动配置VAX系列小型计算机订单的专家系统。它能够根据客户需求选择合适的组件并确保它们之间的兼容性，极大地提高了配置的准确性和效率，每年为DEC公司节省了数千万美元的成本，是专家系统在工业界成功商业化应用并产生巨大经济效益的标志性案例。

4. 机器学习的兴起(20世纪90年代至21世纪第一个十年)

虽然专家系统取得了成功，但其知识获取瓶颈(依赖人工构建知识库)和领域局限性也逐渐暴露。与此同时，连接主义(神经网络)在经历了早期的沉寂后开始复兴，并与统计学习方法相结合，推动机器学习成为人工智能的主流研究方向之一。机器学习的目标是让计算机通过数据学习规律，从而实现智能决策。

1997年，IBM的“深蓝”(Deep Blue)计算机战胜了国际象棋世界冠军卡斯帕罗夫(Garry Kasparov)，展示了机器学习在复杂任务中的强大能力(见图1-6)。此外，支持向量机(SVM)、决策树等机器学习算法也在这一时期得到了广泛应用。

图 1-6　“深蓝”战胜棋王卡斯帕罗夫（注：图由大模型生成）

5. 深度学习的突破(21世纪第二个十年至今)

21世纪第二个十年以来，基于大规模数据、强大算力(特别是GPU的应用)以及算法的改进，深度学习取得了革命性的突破，将人工智能推向了前所未有的新高度。

2012年，深度学习在图像识别领域取得了重大突破，Geoffrey Hinton团队的AlexNet在ImageNet竞赛中取得了优异成绩，开启了深度学习的热潮。深度学习通过构建多层神经网络，能够自动学习数据的特征表示，从而执行更高效的智能任务。

近年来，深度学习不仅在传统的图像识别、自然语言处理、语音识别等核心AI领域取得了里程碑式的成果，还在科学发现(如AlphaFold预测蛋白质结构)、药物研发、材料科学、气候变化建模等众多交叉学科中展现出巨大的应用潜力，持续推动着人工智能技术的边界拓展和产业的快速发展。

1.1.3　人工智能的未来展望与挑战

人工智能作为引领新一轮科技革命和产业变革的战略性技术，其未来发展充满了无限可能，也伴随着诸多需要审慎应对的挑战。

1. 技术融合与创新

未来，人工智能将与其他新兴技术深度融合，如物联网(IoT)、大数据、区块链等，形成更强大的智能系统。例如，通过物联网设备收集的数据，结合人工智能算法，可以实现智能家居、智能交通等应用场景的智能化管理。

2. 应用领域的拓展

人工智能的应用领域将不断拓展，除了现有的医疗、教育、金融等领域，还将在农业、环保、能源等更多领域发挥重要作用。例如，采用人工智能技术可以实现精准农业，提高农作物产量；可以利用人工智能进行环境监测和污染治理，保护生态环境。

3. 伦理与社会影响

随着人工智能的广泛应用，其伦理和社会影响也日益受到关注。例如，人工智能可能导致就业结构的变化，一些传统职业可能会被取代。同时，人工智能系统的决策过程可能涉及隐私保护、公平性等问题。因此，未来需要加强对人工智能伦理的研究和规范，确保人工智能技术的健康发展。

1.2 人工智能的定义与分类

1.2.1 人工智能的多视角定义

人工智能是一个多维度、跨学科的概念，其定义因研究领域和应用场景的不同而有所差异。以下是几种常见的定义。

1. 从智能行为的角度

人工智能可以被定义为使计算机系统能够执行通常需要人类智能的任务。这些任务包括但不限于语言理解、视觉感知、学习、推理、规划、决策和创造性思维。例如，语音助手(如Siri)能够理解自然语言并做出回应，推荐系统(如抖音)能够根据用户行为预测其兴趣并推荐内容，这些都是人工智能在实际应用中的体现。

2. 从功能模拟的角度

人工智能是计算机科学的一个分支，它研究如何使计算机模拟人类的智能行为和思维过程。该定义强调了人工智能的目标是通过计算机技术实现类似人类的智能功能，例如通过机器学习算法让计算机自动学习和优化，或者通过深度学习模型模拟人类大脑的神经网络结构。

3. 从应用领域的角度

人工智能也可以被定义为一系列技术的集合，这些技术能够解决复杂的、需要智能决策的问题。例如，在医疗领域，人工智能用于疾病诊断和治疗方案推荐；在交通领域，人工智能用于智能交通管理和自动驾驶；在金融领域，人工智能用于风险评估和投资决策。这些应用展示了人工智能在不同领域的广泛影响力。

1.2.2 人工智能的分类

为了更清晰地理解人工智能的当前能力、发展阶段以及未来潜能，可以从不同的维度对其进行分类。根据人工智能系统所能达到的智能水平或其能力的广度，人工智能可分为以下几类。

1. 弱人工智能

弱人工智能(Narrow AI)也被称为专用人工智能或应用型人工智能，是指专注于执行特定、预定义任务或在有限领域内解决特定问题的人工智能系统。这些系统被设计用于完成一项或少数几项高度专门化的工作，并在这些特定任务上达到甚至超越人类的水平。然而，它们缺乏真正的意识、自我认知能力以及跨领域的通用学习和推理能力，不具备人类的普适性智能。目前我们所能接触到的和被广泛应用的所有人工智能系统，都属于弱人工智能的范畴，如语音助手、图像识别系统、推荐系统等。

2. 强人工智能

强人工智能(Artificial General Intelligence，AGI)又称通用人工智能，是指具备与人类相当的、全面的认知能力的人工智能系统。AGI系统将能够理解、学习和应用知识，完成人类能够执行的智力任务，具备自主学习、抽象思考、常识推理、计划、沟通乃至创造等多种通用智能特征。它不再局限于特定领域，而是能够像人类一样灵活地适应各种未知或全新的情境。目前，强人工智能仍处于研究阶段，尚未实现商业化应用。

3. 超人工智能

超人工智能(Artificial Super Intelligence，ASI)是指在几乎所有领域都比人类更聪明、更高效的智能系统。这种智能不仅在速度和效率上超越人类，更可能在智慧、创造力、解决复杂问题及战略规划等多个维度达到人类无法企及的水平。这种系统目前还处于科幻和理论探讨阶段，但引发了广泛的关注和讨论，特别是在AI安全、AI对齐(确保AI目标与人类价值观一致)以及未来社会治理等议题上。

1.3 人工智能的核心要素

人工智能系统的构建与实现依赖以下四大相互关联、不可或缺的核心要素。这些要素共同构成了人工智能技术发展的基础。

1. 数据

数据是人工智能的“燃料”，是实现智能决策的基础。数据的质量(如准确性、相关性、完整性、一致性)和数量(规模、覆盖范围、多样性)直接影响人工智能系统的性能和智能化水平。例如，在食堂的智能推荐系统中，其有效运行依赖大量高质量的数据。这些数据包括但不限于学生的历史消费记录(菜品、时间、频率)或通过行为分析推断出的口味偏好(如对辣度、甜度、特定食材的偏好或规避)，以及潜在的营养需求信息(见图1-7)。这些数据是系统进行个性化推荐、预测菜品需求以优化采购与备餐计划的基本依据。

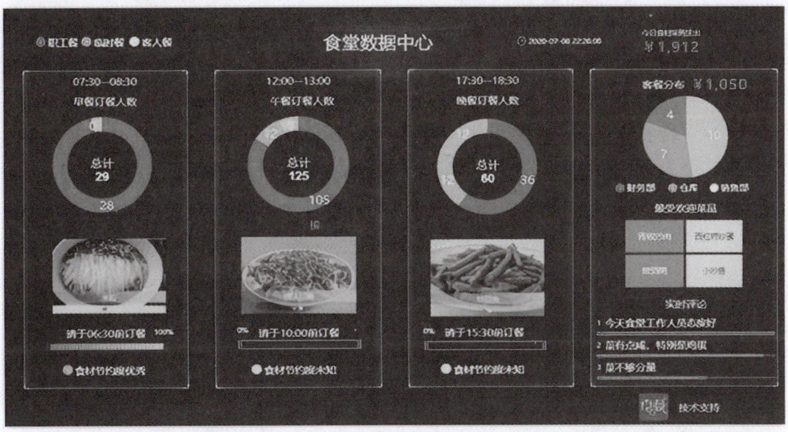

图1-7　某食堂数据可视化系统数据展示界面(注：图由大模型生成)

2. 算力

算力是指计算机系统的计算能力，是人工智能的“引擎”，为人工智能算法的运行提供必要的计算资源。强大的算力能够支持复杂的算法运行，加速模型训练和推理过程。例如，在停车场空位识别系统中，系统需要实时处理多个摄像头采集的视频或图像数据。通过图像处理和计算机视觉算法分析每个车位的占用情况(见图1-8)，这需要相当强的计算能力以保证信息更新的及时性和准确性。若缺乏足够的边缘计算单元或云端计算资源支持，系统的实时性和实用性将大打折扣。因此，充足的算力是确保此类系统高效、稳定运行的物理基础。

图 1-8　停车场车位识别摄像头采集数据 (注：图由大模型生成)

3. 算法

算法是人工智能的“大脑”，是实现智能决策的核心逻辑。算法定义了机器从数据中学习、推理和决策的逻辑与方法。算法通过对数据进行学习，提取特征、发现模式与规律，从而实现预测、分类、聚类、规划、优化等特定功能。例如，图书馆的座位管理系统的核心是一套座位分配与调度算法，该算法通过实时监测各座位传感器的使用数据，结合学生的预约信息、历史使用模式以及不同区域座位的热度等因素，动态地优化座位分配策略(见图1-9)。该系统可以引导学生至空闲座位，处理预约请求，并可能对长时间占用但未实际使用的座位进行管理。这种基于算法的智能调度是提升资源利用效率和用户服务体验的关键技术手段。

图 1-9　图书馆实时座位监测 (注：图由大模型生成)

4. 场景

场景是人工智能赖以行动和体现价值的“身体”，它构成了人工智能应用的具体环境，并明确了其需要满足的特定需求。场景不仅定义了人工智能系统需要解决的特定问题、服务的用户群体以及期望达成的应用目标，也规定了人工智能“身体”活动的边界和条件。人工智能系统的设计和优化需要紧密结合实际应用场景，以满足特定的需求。例如，在校园食堂场景中，智能推荐系统的构建需要深入分析学生群体的饮食偏好(如口味、菜系)、营养需求(如低脂、高蛋白)、消费水平以及高峰期快速点餐等行为特性(见图1-10)。

图 1-10 校园食堂智能推荐 (注：图由大模型生成)

1.4 人工智能的应用

人工智能作为一项极具影响力的前沿技术，已广泛且深入地融入人们的生活和工作，为人们带来了极大便利，推动了行业的创新发展，展现出了巨大的应用价值。人工智能在不同行业的典型应用场景参见表1-1。

表 1-1 人工智能在不同行业的典型应用场景

行业领域	涉及技术	应用场景
智能制造	工业机器人、计算机视觉、预测性维护	自动化生产线、缺陷检测、设备故障预测
智慧交通	自动驾驶、智能交通管理、智慧停车	无人驾驶汽车、实时路况优化、停车引导
智慧金融	风险评估、欺诈检测、个性化推荐	贷款审批、反洗钱系统、投资建议
智慧教育	智能辅导系统、在线答疑、学情分析	AI助教、作业批改、学习路径推荐
智慧家居	语音助手、智能家居联动、家庭安防	智能音箱、自动调节灯光、监控报警
智慧零售	商品推荐、库存管理、无人超市	个性化推荐、智能补货、自助结账
智能客服	自动回复、情感分析、多语言支持	在线聊天机器人、电话客服、常见问题解答
无人驾驶	环境感知、路径规划、紧急应对	特斯拉Autopilot、滴滴无人车
智慧物流	路径优化、仓储管理、无人机配送	京东无人仓、顺丰无人机快递
智慧安防	视频监控、身份验证、入侵检测	实时行为识别、人脸识别、网络攻击预警

续表

行业领域	涉及技术	应用场景
智慧医疗	影像诊断、药物研发、健康管理	癌症筛查、新药开发、远程诊疗
智慧环保	污染监测、资源回收、生态保护	空气质量分析、垃圾分类、野生动物保护
智慧旅游	个性化推荐、智能导览、人流预测	景点推荐、虚拟导游、景区流量控制
智慧农业	精准农业、病虫害防治、产量预测	无人机喷洒农药、土壤监测、作物生长监测

实训任务

任务 1　了解生活领域的 AI 应用

目前，人工智能已融入人们生活的方方面面，给我们带来很多便利与乐趣，以下列举几个典型的应用场景。

1. 辅助驾驶

AI在辅助驾驶领域的典型应用以特斯拉Autopilot为代表，车辆通过摄像头、毫米波雷达与超声波传感器的深度融合，实时感知车道线、交通标志及周边障碍物(见图1-11)。例如在拥堵的晚高峰路段，系统不仅能自动与前车保持安全车距，还会根据驾驶者日常偏好的激进或保守风格，动态调整变道频率和加速度。这种基于环境数据与用户习惯的双重优化，既降低了疲劳驾驶风险，又逐步培养了人车互信的协同关系。

图 1-11　辅助驾驶示意（注：图由大模型生成）

2. 语音助手

AI在语音助手领域的典型应用以Siri为代表，人们只需要通过简单的语音指令，就能完成诸如查询天气、设置提醒、拨打电话等操作。例如，早晨起床时，用户无须手动操作手机，可以直接对 Siri 说 “查询今天的天气”，Siri 便会快速给出当地的天气信息，让用户提前做好出行准备(见图1-12)。这一应用极大地提升了人们获取信息和操作设备的便捷性，使生活更加高效。

图 1-12　手机语音助手 Siri(注：图由大模型生成)

3. 推荐系统

抖音的推荐系统依据用户的浏览历史、点赞、评论等数据，精准分析用户的兴趣偏好，为用户推送个性化的视频内容。用户在抖音上浏览美食视频较多时，推荐系统会不断推送各类美食制作、探店等相关视频，满足用户的兴趣需求，增加用户对平台的黏性。

4. 人脸识别

支付宝的人脸识别技术用于支付验证环节，用户进行支付操作时，无须输入烦琐的密码，只需要刷脸即可完成支付(见图1-13)。这种支付方式不仅快捷，还提高了支付的安全性，减少了密码泄露带来的风险。

图 1-13　人脸识别完成支付 (注：图由大模型生成)

任务 2　了解行业领域的 AI 应用

1. 工业质检

在制造业领域，人工智能技术能够对生产线上的产品进行快速、准确的质量检测。例如，利用计算机视觉和深度学习算法，识别产品表面的缺陷、尺寸偏差等问题。相比传统的人工质检方式，人工智能质检效率更高，检测精度更稳定，能够及时发现产品质量问题，降低次品率，提高企业的生产效益。

2. 医疗影像

在医疗领域，人工智能可辅助医生对医学影像进行分析。例如，通过对 X 光、CT、MRI 等影像的识别，帮助医生更准确地检测疾病，如肺部的微小肿瘤、脑部的病变等。这有助于提高疾病的诊断准确率，为患者争取更及时的治疗。

3. 农作物分析

在农业领域，人工智能有土壤检测、病虫害防护、产量预测等应用，例如汇总并利用各类数据，包括高分辨率的空中卫星和无人机图像、设备数据及天气等。在作物生长期间，智能分析平台会向农民的手机发送警报通知，如提示生长异常需要重新种植的农作物、辨别抗病杂草和缺乏营养的作物，以及预警可能影响收获的作物干枯风险。

4. 智能客服

许多企业和机构都采用了智能客服，如电商平台、银行等。智能客服能够快速响应用户的咨询，自动解答常见问题。以电商平台为例，当用户询问商品的发货时间、退换货政策等问题时，智能客服可以瞬间给出准确答案，减轻了人工客服的工作压力，提高了客户服务的效率和响应速度 。

拓展知识

影视教学片段：AI 如何改变未来生活

你是否想过，人工智能将如何重塑我们的衣食住行？从清晨唤醒你的智能家居到危急时刻拯救生命的纳米医疗，AI正在悄然改写人类文明的运行逻辑。本教学片段通过沉浸式场景，展现AI在医疗、艺术、交通等领域的颠覆性应用，揭示人与技术共生共演的未来图景。请扫二维码，观看未来生活实景模拟视频。

思考：当机器能理解蒙娜丽莎的微笑弧度时，人类将如何重新定义创造力与情感？

作业与测评

1. 采用一种你常用的大模型来获取与食堂推荐系统相关的文献、文档、概念设计等资料，并分析其使用的数据、算力、算法和场景。

2. 在食堂智能推荐系统中，除了个性化推荐，还可以引入哪些AI技术来提高食堂的运营效率？

项目 2
人工智能伦理与责任

案例导学 校园监控系统的讨论

场景描述

高职院校打算部署AI校园监控系统，但面临以下问题

- 人脸识别的局限性：学生若戴口罩、帽子，或光线过暗、角度偏差，可能导致人脸识别失败，引发争议。
- 正常行为误判：比如学生在走廊快速奔跑（可能只是赶时间）被误判为“追逐打闹”等，导致误判
- 隐私与伦理争议：可能让学生产生“被监视”情绪，引发对“心理隐私被侵犯”的担忧，甚至产生抵触心理

解决思维

问题：隐私侵犯、误判问题、心理压力 ➡ 数据：面部信息、行为信息、考勤信息、情绪数据等 ➡ 算法：人脸识别算法、行为分析算法 ➡ 工具：摄像头、数据存储服务器、AI监控系统平台 ➡ 应用：校园安全、教学质量、学生管理、考勤管理

解决方案

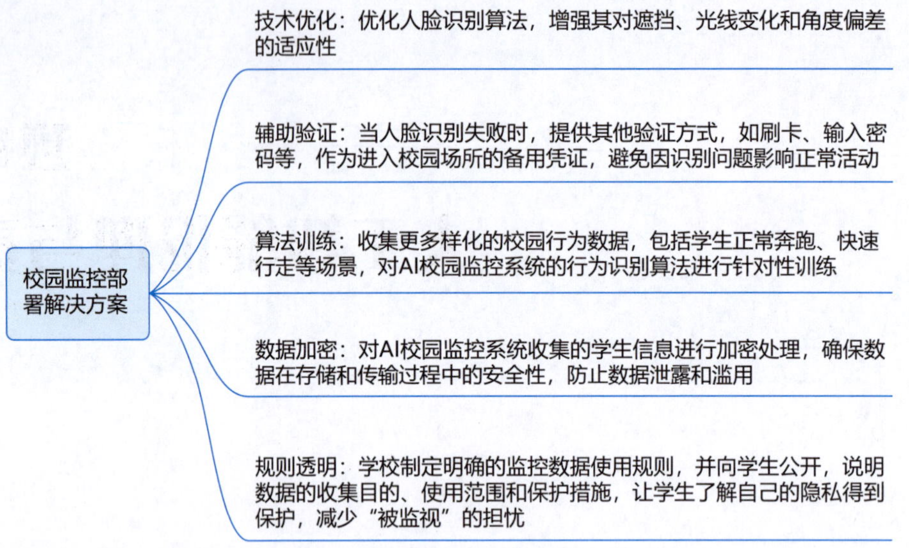

高职院校AI校园监控系统的解决方案需要基于伦理原则构建技术与管理体系。在数据安全与隐私保护方面，应明确限定公共区域数据采集范围，对人脸识别等敏感信息进行加密脱敏存储，同时建立用户知情授权机制，允许师生自主选择是否参与数据采集；在算法优化层面，通过数据增强平衡训练样本，引入人工审核环节降低误判率，并开通便捷申诉渠道处理识别争议，从技术源头减少伦理风险。

此外，还需要从管理与监督维度落实全方位治理。合理规划监控时段与范围，设置午休、课间等休眠期以缓解学生心理压力，配套开展心理讲座与沟通机制；成立由技术、伦理、法律专家及师生代表共同组成的伦理审查委员会；引入第三方机构对数据使用全流程进行独立监督，通过透明化的审查流程与动态调整机制，确保监控系统在提升校园管理效率的同时，切实保障师生权益与伦理合规。

学生讨论

1. 人工智能在各个领域的应用越来越广泛(如学生用AI生成课程作业、教师用AI辅助备课)，可能会引发哪些关于内容版权与知识产权的伦理问题？请结合本项目中的相关案例和原则，提出至少两种应对策略和建议。

2. AI系统可能继承人类创造者的偏见和训练数据中的偏见，导致歧视性、偏见或不公平的输出。例如在招聘、司法等领域，AI的决策可能会在无意中歧视某些群体，损害社会公正。对此该如何应对？

3. 当AI做出错误决策导致他人受到伤害时，谁应该承担责任？例如自动驾驶汽车造成事故，汽车制造商、软件开发商、“司机”等谁应该承担责任？

学习导图

- 项目2　人工智能伦理与责任
  - 知识目标
    - 明确人工智能伦理的定义
    - 掌握伦理概念的核心要点
    - 了解伦理对AI的价值
    - 明白伦理重要性的体现
  - 能力目标
    - 分析监控隐私伦理问题
    - 思考监控系统公平性问题
    - 关注监控应用的合理性情况
  - 素养目标
    - 掌握伦理问题分析思路
    - 学会伦理问题剖析技巧
    - 探索应对伦理问题的策略

知识学习

人工智能伦理是指在人工智能技术的研发、应用和管理过程中遵循的道德原则及行为规范。它旨在确保人工智能技术的发展和应用符合人类的价值观及社会利益，避免对人类社会、个人权益和自然环境造成负面影响。

2.1　人工智能伦理的重要性

保护个人权益： 随着人工智能技术的广泛应用，大量个人数据被收集和处理，如人脸识别、情绪检测等。人工智能伦理强调保护个人隐私和数据安全，防止数据泄露和滥用。

维护社会公平： 人工智能系统的决策可能会对不同群体产生不同的影响。人工智能伦理要求确保算法的公平性，避免对特定群体的歧视，维护社会的公平和正义。

促进技术可持续发展： 人工智能技术的快速发展会对社会和环境产生深远影响。人工智能伦理规范并引导技术的发展方向，确保其符合可持续发展的要求，避免对社会和环境造成不可逆转的伤害。

2.2　人工智能伦理的核心原则

2.2.1　尊重隐私原则

数据收集边界： 明确数据采集的目的与范围，仅收集与任务直接相关的信息(如校园监控仅采集行为分析必需的影像，而非全场景录音)。

数据保护措施：采用加密存储、匿名化处理等技术(如人脸识别数据须脱敏存储)，禁止未经授权的共享与滥用。

用户知情权：向用户明确告知数据使用方式，提供“拒绝采集”的选择权(如学生可申请不参与情绪检测系统)。

经典案例：校园监控禁用宿舍区域摄像头。要采用数据最小化收集的原则和加密脱敏技术来处理数据。

2.2.2　公平公正原则

算法无歧视性：避免因数据偏差导致对特定群体的偏见(如招聘AI须平衡性别、种族等样本比例，参考亚马逊招聘系统优化案例)。

决策透明性：向用户解释算法逻辑(如推荐系统须说明推荐依据)，避免“黑箱”决策导致的不公平。

动态纠偏机制：定期审查算法输出，根据反馈调整模型(例如，若校园监控系统误判率超阈值，则须重新训练模型)。

经典案例：亚马逊招聘AI系统的性别歧视。历史数据中男性程序员占比过高，导致亚马逊开发的招聘AI系统对女性候选人产生歧视。最终，通过数据平衡技术将女性候选人通过率提升了18%。

2.2.3　责任明晰原则

多方责任划分：明确开发者(确保算法安全)、使用者(合规应用技术)、监管者(制定伦理规范)的权责边界。

可追溯机制：建立技术日志，记录数据处理与决策过程，便于问题溯源(如自动驾驶事故须回溯算法参数与传感器数据)。

经典案例：波士顿儿童医院AI误诊事件。2024年，波士顿儿童医院的AI系统将罕见病诊断为常规肺炎，导致患儿错过最佳治疗期。法院判决算法开发者、医院和医生分别承担45%、30%和25%的责任。

2.2.4　透明可解释原则

技术流程公开：向用户说明 AI 系统的功能边界与局限性(如校园监控须公示“行为识别准确率为 90%，可能存在误判”)。

决策逻辑可视化：通过简易图表或文字解释输出结果(如大模型生成新闻稿时，标注数据来源、生成逻辑等)。

2.2.5　可持续发展原则

资源与环境考量：优化算法效率，减少算力消耗(如用轻量化模型替代重型架构，降低碳排放)。

社会影响评估： 在技术落地前评估对就业、伦理的长期影响(如“萝卜快跑”配套推出失业人员再培训计划)。

经典案例： 百度“萝卜快跑”无人驾驶车引发就业替代焦虑。百度的无人驾驶出租车服务“萝卜快跑”引发了公众对就业替代的担忧，同时引发了社会对AI技术侵权的争议。

2.2.6　人类主导原则

人机权责优先级： AI 决策需要服从人类监督(如医疗 AI 的诊断结果必须经医生审核)。

伦理底线约束： 禁止 AI 技术触碰法律与道德红线(如严禁用 AIGC 生成侵权内容或虚假信息)。

经典案例： AI换脸技术滥用，被用于制作虚假视频。

通过以上原则的落地，可在技术效率与伦理风险间建立平衡，推动 AI 技术的正向发展。

2.3　人工智能伦理的核心问题与场景

人工智能伦理的核心问题与场景涵盖身份真实性、内容版权与知识产权、教育与学术研究、隐私权与系统偏见等维度。这些挑战凸显技术发展须与伦理治理同步：既需要通过立法明确界限(如严禁非同意换脸)，也需要推动“技术向善”的行业自律(如伦理审查委员会)。

2.3.1　身份真实性（涉及人格权、社会信任危机）

1. 数字分身技术

伦理困境： 未经授权创建逝者或生者的数字分身，侵犯肖像权、人格尊严；引发“自我同一性”哲学争议(如数字分身是否代表真实个体)。

案例： 使用AI技术“复活”已故明星用于商业广告，家属起诉侵犯死者人格权；学者数字分身授课引发“知识传承主体归属”争议。

2. 深度伪造滥用

伪造视频或换脸诈骗： 利用AI换脸和拟声技术冒充亲友诈骗(如诱导老人转账)。

不雅内容生成： “AI脱衣”技术批量生成虚假色情图像，侵害普通人的名誉权。

社会影响： 破坏“眼见为实”的社会信任基础，2023年全球深度伪造诈骗案增长30%。

2.3.2　内容版权与知识产权

1. 作品版权归属争议

AI生成内容版权： AI绘画、写作工具(如Midjourney、ChatGPT)产出的作品是否享有著作权？法律对此尚无定论，美国版权局曾驳回AI生成漫画的版权申请。

训练数据侵权： 大模型使用受版权保护的文本或图像进行训练，被指控“系统性抄袭”(如艺术家抵制AI头像生成器)。

2. 虚假新闻与信息操纵

伪造新闻生产：AI批量生成虚假舆情(如伪造“×××带货直播”)，加剧社会分裂。

算法推荐偏见：社交媒体算法推送同质化信息，形成“信息茧房”，强化群体偏见(如政治极端化)。

2.3.3　教育与学术研究

1. 教学颠覆与责任模糊

AI替代教师角色：数字分身教师提供24小时辅导，削弱真实师生的情感联结，淡化教育的人文关怀。

学术诚信危机：学生用ChatGPT代写论文，检测工具(如GPTZero)识别率仅92%，学术评价体系受到冲击。

2. 科研伦理失范

数据造假与署名争议：篡改实验数据训练AI模型；AI辅助研究引发成果归属纠纷(如“双签字制度”能否保障责任明晰)。

算法偏见渗透研究：医疗AI诊断系统对黑人患者的漏诊率高达34%，反映训练数据的社会偏见。

2.3.4　隐私权与系统偏见

1. 数据隐私侵犯

AI伴侣类应用：未经授权调用摄像头、通信录，精准追踪用户行为(如AI伴侣说出用户未公开的聊天内容)。

生物信息泄露：人脸识别数据库遭黑客拖库，导致数万人的生物信息流入黑市。

2. 算法歧视与公平性缺失

系统性偏见：招聘AI筛选简历时降低女性评分；信贷模型对部分群体的授信率低30%。

教育资源配置不公：智能教育系统依赖硬件设备，加剧城乡教育资源差距。

2.4　解决人工智能伦理问题的策略

针对人工智能应用中的伦理挑战，需要从技术、制度、教育等多维度构建系统性解决方案，以下结合案例与实践经验展开说明。

2.4.1 技术层面：从源头降低伦理风险

1. 算法优化与鲁棒性设计

数据均衡技术：通过过采样、欠采样等方法修正训练数据偏差(例如，亚马逊招聘 AI 通过平衡性别样本降低歧视率)。

可解释性算法：采用因果推断模型或可视化工具(如 LIME)，让 AI 决策逻辑可追溯(例如，医疗AI须标注诊断依据的影像特征)。

动态纠错机制：设置误判阈值触发模型重训练(例如，校园监控系统若连续 3 次误判正常行为，则自动启动数据迭代)。

2. 隐私保护技术应用

差分隐私算法：收集数据时添加随机噪声，确保个体信息不可追踪(例如，统计食堂消费数据时模糊具体用户ID)。

联邦学习框架：数据在本地即可完成模型训练(例如，多所医院联合训练医疗模型时，无须共享原始病历)。

2.4.2 制度层面：构建全流程监管体系

1. 伦理审查机制

事前评估：技术落地前须通过伦理委员会审查(例如，校园监控系统须提交《隐私影响评估报告》，参考欧盟发布的《可信 AI 评估清单》)。

事中监控：建立实时风险预警系统(例如， AI 客服若识别到敏感问题，自动切换至人工审核)。

事后追责：明确事故责任划分标准(例如，波士顿儿童医院 AI 误诊事件中，按开发者45%、医院30%和医生25%的比例追责)。

2. 法律法规与行业规范

国家层面：遵循我国发布的《新一代人工智能伦理规范》，禁止数据滥用(例如，校园监控不得将情绪数据用于非教学目的)。

行业标准：参考 IEEE发布的《人工智能伦理设计准则》，制定技术实施细则(例如，自动驾驶须公开碰撞测试数据)。

2.4.3 管理层面：透明化与权责划分

1. 用户知情与参与

透明化告知：用通俗的语言说明 AI 功能边界(例如，智能推荐系统须提示“基于历史消费数据生成建议”)。

用户控制权：提供数据删除、功能关闭选项(例如，学生可选择退出校园情绪监测系统)。

2. 多方协作治理

跨领域协作： 组建由技术专家、伦理学家、法律人士构成的治理小组(例如，学校部署AI系统时，须吸纳学生代表参与方案设计)。

企业责任落实： 科技公司须设立伦理合规部门(例如，百度“萝卜快跑”团队须定期提交就业影响评估报告)。

2.4.4　教育层面：提升伦理意识与能力

1. 技术从业者培训

伦理课程必修： AI开发者须通过伦理考试(例如，掌握数据偏见检测方法)，参考 Kaggle 伦理认证体系。

案例警示教育： 以亚马逊性别歧视、波士顿误诊等案例为教材，强化责任意识。

2. 公众科普与素养教育

校园伦理课程： 在高职 AI 通识课中设置伦理模块(例如，要求学生设计“负责任的课堂专注度检测系统”)。

社会宣传活动： 通过短视频、讲座普及AI伦理知识(例如，解释AI换脸技术的侵权风险)。

2.4.5　典型场景策略应用：校园 AI 监控系统

1. 隐私保护策略

仅采集公共区域影像，禁用宿舍、卫生间等敏感区域监控。

人脸识别数据加密存储，且仅用于考勤统计，不与其他系统关联。

2. 误判应对策略

建立学生申诉渠道： 若对考勤记录有异议，可申请人工复核(例如，通过小程序上传打卡凭证)。

定期优化算法： 每学期采用不同性别、体态的学生数据测试行为识别模型，确保误判率<3%。

3. 心理干预策略

提前公示监控范围与目的，降低学生心理压力。

设立“监控休眠时段”(如下午课后 30 分钟)，给予学生放松空间。

2.4.6　应急响应与风险预案

伦理风险清单： 梳理技术应用中的潜在问题(如 AIGC 生成内容的版权纠纷)，制订对应解决方案。

紧急熔断机制： 当AI系统出现重大伦理事故(如数据大规模泄露)，立即暂停服务并启动调查。

通过以上策略的协同实施，可在技术创新与伦理规范间找到平衡点，推动 AI 技术安全、可持续地服务于社会。

2.5　伦理问题分析

在人工智能应用中，伦理问题的识别与解决需要依托系统化的分析框架和实用工具，以下结合案例与行业实践，从方法论与工具库两方面展开说明。

2.5.1　伦理问题分析方法论

1. 多维度评估框架

PESTLE 模型延伸：从政治(policy)、经济(economic)、社会(social)、技术(technical)、法律(legal)、伦理(ethical)维度分析影响。例如，校园监控系统的伦理评估需要考虑社会对隐私的敏感度(社会维度)、数据保护法规(法律维度)及学生心理影响(伦理维度)。

利害相关者分析法：识别技术影响的所有群体(开发者、用户、监管者等)，评估各方权益冲突。例如，AI 客服系统须平衡企业效率(减少人工成本)与用户知情权(明确“你正在与AI 对话”)。

2. 伦理风险矩阵

风险等级划分：基于发生概率和影响程度将伦理问题的应对优先级分为高、中、低(见图2-1)。

表 2–1　风险等级划分

风险类型	案例（校园监控）	发生概率	影响程度	应对优先级
隐私侵犯	人脸识别数据泄露	中	高	高
误判导致不公	正常行为被误判为危险行为	低	中	中
心理压力	学生因监控产生焦虑	高	低	中

3. 伦理决策流程

问题识别：通过场景模拟发现潜在风险，例如假设AI换脸技术被用于伪造校园通知。

原则对照：匹配伦理基本原则，例如判断该行为是否违反尊重隐私原则。

方案权衡：比较不同解决方案的利弊，例如数据匿名化与完全禁止采集。

动态调整：根据技术迭代与反馈持续优化，例如每学期更新校园监控的伦理评估报告。

2.5.2　伦理分析实用工具

1. 政策与标准工具

《新一代人工智能伦理规范》自查清单：检查点为数据采集是否获得用户明确同意，例如校园监控须向学生发放《知情同意书》。

欧盟发布的《可信 AI 评估清单》：核心指标有算法可解释性、隐私保护措施、社会影响评估。

2. 技术检测工具

(1) 数据偏见检测工具。

AIF360(IBM)：分析训练数据是否存在性别、种族等偏差，例如检测招聘 AI 的历史数据中女性样本占比。

Fairlearn(微软)：评估算法决策的公平性，提供纠偏建议，例如调整参数使不同群体的通过率差异<5%。

(2) 隐私保护工具。

Opacus(PyTorch 差分隐私库)：在模型训练中添加噪声，防止数据溯源，例如统计食堂消费数据时注意保护个体隐私。

TensorFlow Federated：支持联邦学习，数据在本地即可训练模型，例如多校区联合优化考勤算法时，无须共享原始人脸数据。

3. 可视化分析工具

伦理决策思维导图工具：使用 XMind 或 ProcessOn 绘制伦理分析流程，关联案例与解决方案，例如将亚马逊性别歧视案例与数据均衡技术方案关联。

风险热力图工具：用 Excel 或 Python 绘制风险矩阵图，直观展示伦理问题的优先级，例如将"隐私侵犯"标注为红色高风险区域。

4. 合规性评估工具

伦理审查流程管理系统：参考学校部署 AI 系统时的审批流程，设置"数据安全评估""学生代表意见征集"等必填环节。

2.5.3 典型场景分析示例：校园 AI 监控系统

1. 伦理问题识别工具应用

利害相关者分析法：引出利害相关者，如学生(隐私、心理压力)、教师(教学管理效率)、学校(安全责任)、技术供应商(商业利益)。

用风险矩阵定位高风险点：人脸识别数据若未加密存储，发生泄露的概率为中等，影响程度为高，须优先解决。

2. 工具落地策略

技术工具：使用 AIF360 检测行为识别算法是否对特定体型学生存在误判偏见。

管理工具：参照《新一代人工智能伦理规范》制定《数据泄露应急预案》，明确追责流程。

2.5.4 工具整合与实践建议

1. 工具链搭建

初级应用：用 Excel 制作伦理风险清单和用XMind 梳理分析流程。

进阶应用：利用零代码平台(如明道云、简道云)的表单引擎与工作流引擎构建可视化伦理数据治理中台。在数据采集端，通过拖曳组件生成《人脸数据采集申请表》，设置“采集区域”“数据用途”等必填字段，并关联电子签章功能实现师生知情授权；在数据处理层，配置自动化规则，当人脸识别数据录入系统时，自动触发脱敏处理流程。

2. 工具使用培训

对高职学生的教学建议：用零代码平台分析课堂专注度检测算法的公平性，提交检测报告。

通过方法论与工具的结合，可将抽象的伦理问题转化为可量化、可操作的解决方案，提升 AI 系统的伦理合规性。

实训任务

任务 1　AI 推荐系统公平性优化

【任务场景】

校园食堂 AI 点餐系统因历史数据中男生点餐记录占比 60%，导致女生偏好的低糖菜品推荐频率低 18%。

【任务要求】

(1) 分析该场景存在的伦理问题(须关联公平公正原则)。

(2) 零代码平台操作示例(以适己科技零代码平台为例)。使用数据表单创建“食堂消费记录”表单，通过“关联字段”功能，将消费记录与学生档案表(含性别信息)自动匹配，补全数据。

(3) 工作流配置。设计“数据平衡流程”：当录入新消费数据时，系统自动检测性别分布，若某一性别样本占比超过 55%，触发过采样或欠采样规则(如复制女生低糖菜品记录)。配置“推荐算法执行流”：根据性别、历史消费偏好、菜品糖分标签，调用预设的权重公式生成推荐列表，并标注推荐理由。

界面效果见图2-1和图2-2。

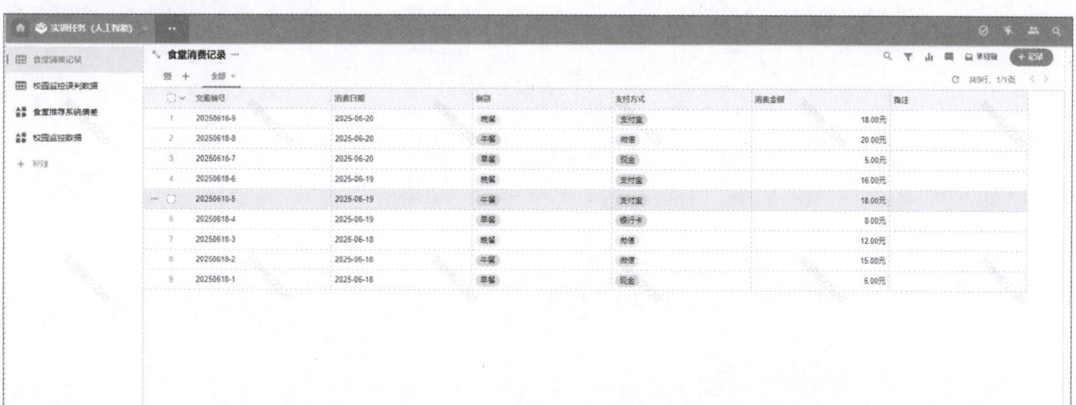

图 2-1　食堂消费记录界面

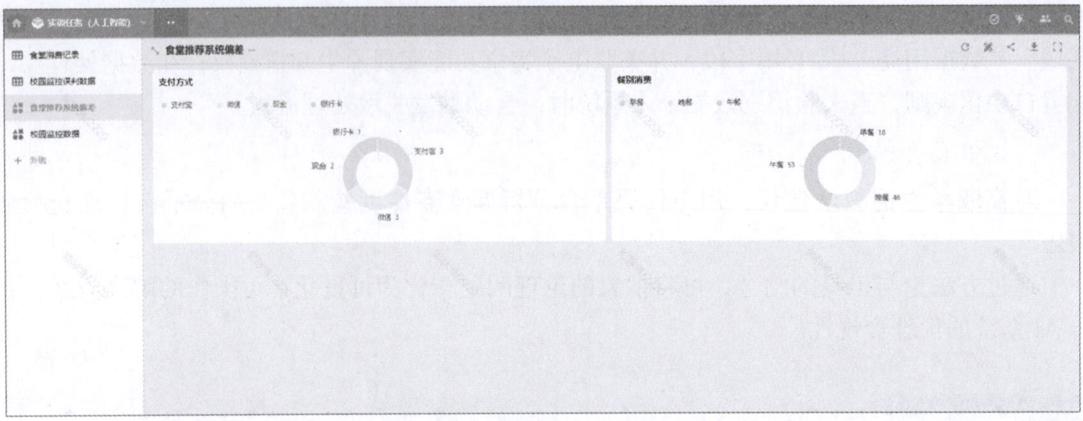

图 2-2　食堂推荐系统偏差界面

任务 2　检测校园监控系统数据偏见

【任务场景】

校园监控系统的行为识别算法可能因训练数据分布不均产生偏见。例如，监控系统误判某体型学生“打架”的概率偏高。

【任务要求】

(1) 数据整理与分类，导入原始数据——校园监控误判数据(见图2-3)。

(2) 用Excel公式计算不同群体的误判率。

(3) 用图表将偏见可视化(见图2-4)。

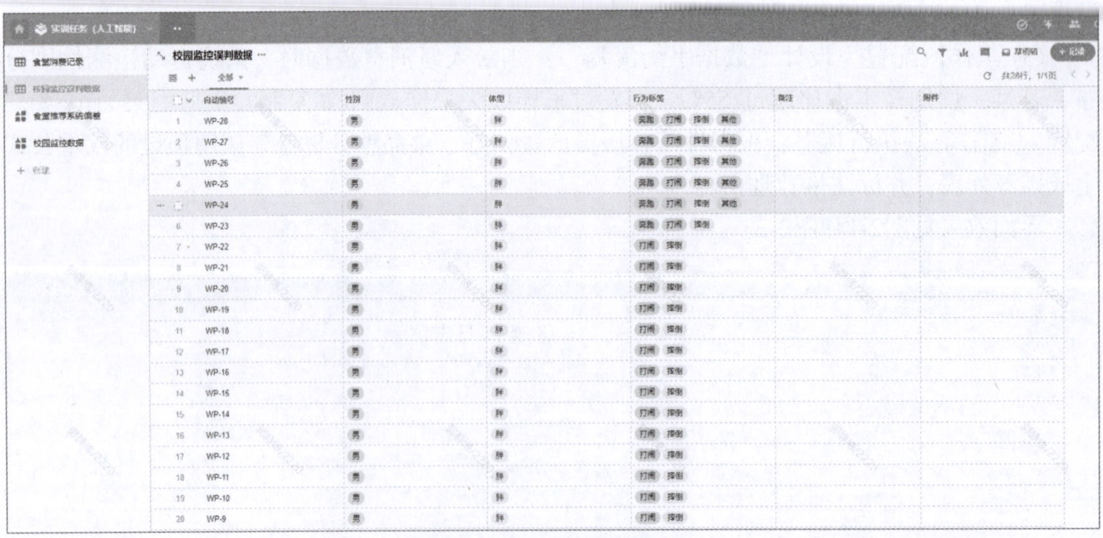

图 2-3　校园监控误判数据

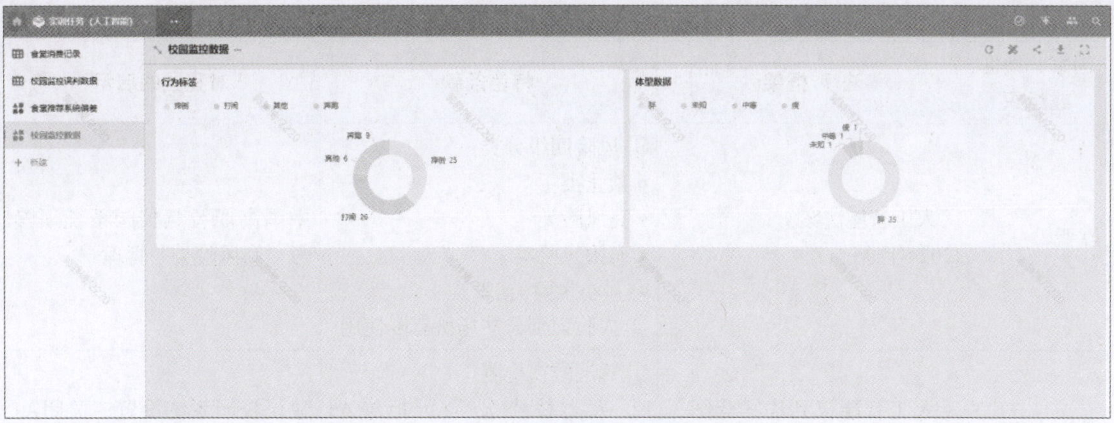

图 2-4　偏见数据可视化

拓展知识

国内外涉及人工智能伦理的主要法律法规参见表2-2和表2-3。

表 2-2　我国涉及人工智能伦理的主要法律法规

法规名称	生效时间	核心要点	典型应用场景
《生成式人工智能服务管理暂行办法》	2023年8月	① 训练数据合法合规 ② 生成内容标识，安全评估 ③ 禁止歧视性算法	校园AIGC应用(如AI写作助手)
《互联网信息服务算法推荐管理规定》	2022年3月	① 禁止“大数据杀熟” ② 保障用户选择权 ③ 定期审核算法模型	智慧校园推荐系统(如课程推送)
《个人信息保护法》	2021年11月	① 数据采集须“单独同意” ② 敏感信息(人脸等)特殊保护 ③ 跨境传输安全评估	教室人脸考勤系统
《数据安全法》	2021年9月	① 数据分级分类保护 ② 重要数据备份加密 ③ 操作日志留存6个月以上	校园监控数据存储
《新一代人工智能伦理规范》	2021年9月	① 人类主导原则 ② 公平、普惠 ③ 隐私保护	AI教学设计准则

表 2-3　国际上涉及人工智能伦理的主要法律法规

国家、地区或组织	法规/框架	特色条款	对我国的启示
欧盟	《人工智能法案》(2024年通过)	① 风险四级分类： • 禁止类 • 高风险类 • 有限风险类 • 最小风险类 ② 人脸识别公共场所有限使用	中国高职智慧校园系统须参考“高风险类”管理
美国	《人工智能权利法案蓝图》(2022年10月)	① 算法歧视检测 ② 人类替代选项(可拒绝AI服务) ③ 数据隐私保护	建议校园系统设置“关闭AI监控”按钮
经合组织	《AI原则建议》(2019年修订)	① 包容性增长原则 ② 透明可追溯要求	我国《新一代人工智能伦理规范》的主要参考来源

作业与测评

1. 列举校园AI监控可能涉及的两个伦理问题(如隐私泄露、误判风险)，并各写一条解决办法。

2. 说明AI推荐系统收集学生数据时应遵守的两条伦理原则(如尊重隐私、公平公正)，举例解释。

项目 3
大语言模型概述

案例导学　用 AI 自动生成校园新闻稿

场景描述

某高职院校微信公众号每天需要发布一篇活动报道，但学生记者团队面临以下挑战

- 效率低下：人工撰写一篇500字的新闻稿需要1~2小时，难以及时产出稿件
- 内容同质化：稿件风格单一，缺乏吸引力，阅读量持续低迷
- 审核压力大：人工校对易遗漏事实错误(如时间、地点错误)

解决思维

问题：新闻稿生产效率低、内容单一 → 数据：活动基本信息 → 算法：LLM文本生成技术 → 工具：零代码AI写作平台 → 应用：生成初稿、人工审核并发布

解决方案

部署校园新闻稿AI生成系统，实现以下功能

- 结构化信息智能输入及校验
- 大语言模型自动生成新闻稿初稿
- 人工协作审核并优化内容

结构化信息智能输入及校验：系统通过在线表单收集活动的基本信息(如时间、地点、主要人物、活动亮点)，自动检查输入格式是否正确(如日期是否规范、地点是否完整)。同时，系统能参考往期类似活动的描述模板，辅助学生记者快速补充内容，确保信息全面且标准化。

大语言模型自动生成新闻稿初稿：基于大语言模型文本生成技术，系统自动生成新闻稿初稿，并能支持多种风格(如正式报道、轻松短讯)。通过简单的指令，可灵活调整生成内容的侧重点，并自动控制文章长度，避免重复或冗余内容，确保语言简洁、流畅。

人工协作审核并优化内容：生成初稿后，学生记者和编辑可通过协作平台对内容进行审核，修正事实错误(如时间冲突、人名拼写)，优化语言表达(如调整语气、补充细节)。审核后的反馈数据还能帮助系统改进，提升后续稿件质量。

学生讨论

1. 传统写作与AI生成新闻稿各有何优缺点？请同学们结合撰写或编辑稿件的实际经验，举例说明两者在效率、内容质量、灵活性等方面的差异。

2. 如果AI生成的新闻稿中出现事实错误(例如写错活动日期、混淆嘉宾姓名)，可以通过哪些技术或管理手段避免此类问题？请从系统设计、审核流程、责任划分等角度提出具体建议。

学习导图

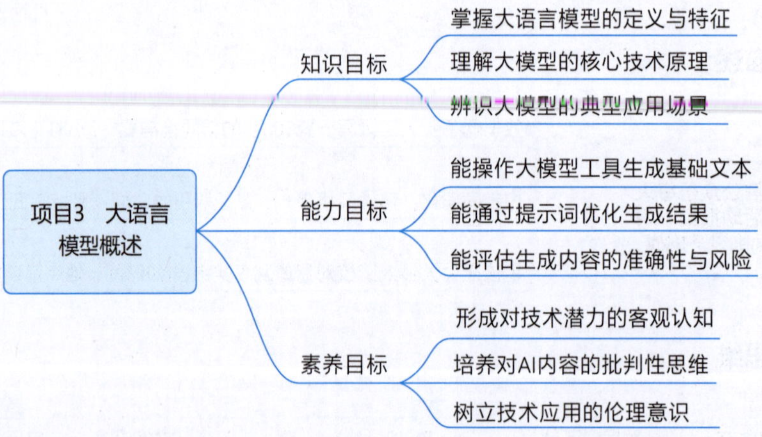

知识学习

3.1 大模型的相关概念

1. 语言模型

语言模型(Language Model，LM)是一种基于统计或机器学习的方法，用于预测给定文本序列中下一个词的概率。其核心目标是通过分析大量文本数据，学习语言的统计规律，从而生成连贯的文本或回答问题。语言模型主要用于完成文本生成、语音识别、机器翻译等领域的初步任务。图3-1为语言模型使用示例。

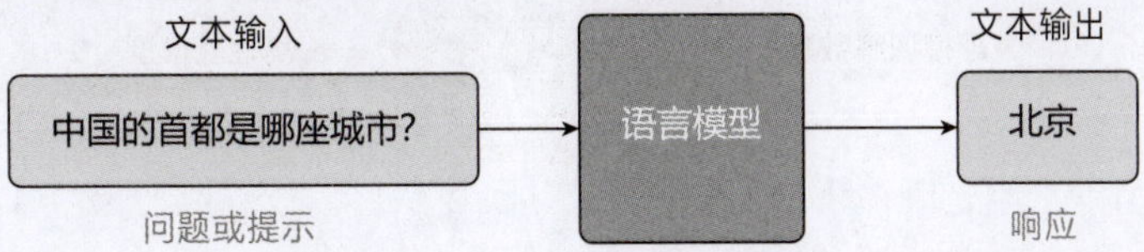

图 3-1　语言模型使用示例

2. 大语言模型

大语言模型(Large Language Model，LLM)是指那些拥有海量参数和训练数据的语言模型，它们能够理解和生成自然语言文本，具备强大的语言生成和理解能力。这些模型通常具有从数十亿到数万亿不等的庞大参数规模，因此被称为大模型(注：本项目中的“大模型”特指“大语言模型”)。

大语言模型通常采用深度学习技术进行训练，在各种自然语言处理任务中表现出色，除了基本的文本生成，还能完成复杂的逻辑推理、问答、摘要生成、代码编写等进阶型任务。大语言模型的出现，极大地推动了自然语言处理领域的发展，使得机器能够更加智能地与人类进行交互。

图3-2说明了语言模型和大语言模型的关系。

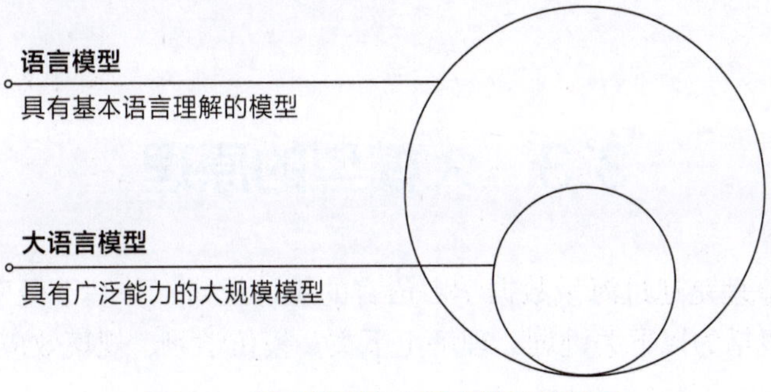

图 3-2　语言模型和大语言模型的关系

3.2　大模型的关键特征

1. 参数规模庞大

大模型的参数数量通常达到数十亿至数万亿级别，远超传统模型(见图3-3)。规模庞大的参数构建了复杂的神经网络，能够存储海量知识并捕捉数据中更深层的关联性。参数量的增加能使模型更精准地理解语言逻辑、识别语义细节，从而提升推理与生成能力。

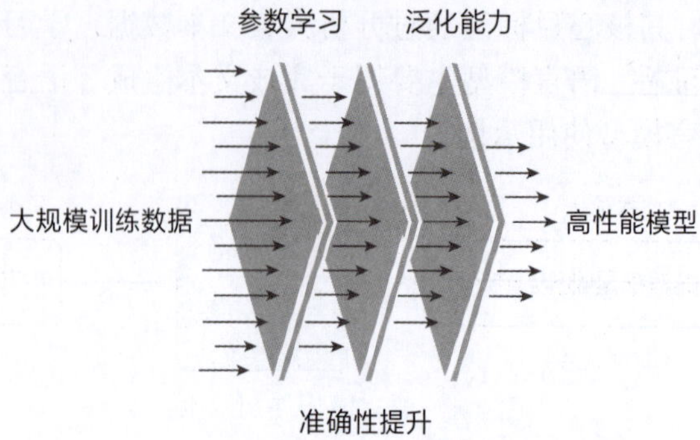

图 3-3　拥有大规模参数的大模型训练

2. 数据驱动的泛化能力

大模型通过海量多样化数据(如文本、图像)进行预训练，从中学习通用规律和跨领域知识。这种学习方式使模型无须针对单一任务专门设计，即可灵活满足翻译、问答、创作等多种需求。例如，仅通过调整输入指令，同一模型既能生成文章，也能解答数学问题。

3. 多任务统一框架

传统AI模型需要针对单一任务设计，而大模型通过“预训练+微调”模式，首先在大规模数据集上进行预训练，以学习通用的特征表示，然后在特定任务上通过少量标注数据或简单指令调整模型行为。这种模式打破了传统模型“一任务一模型”的限制，使同一模型可灵活满足问答、创作、编程等跨领域需求，不仅提高了训练效率，还能显著提升模型在特定任务上的性能。

3.3　大模型的原理

大模型的核心原理是通过海量数据学习语言的统计规律，并基于概率预测生成连贯的文本。其核心原理可概括为以下关键词：理解上下文、模仿学习、规模效应和概率接龙。

1. 理解上下文的秘密：注意力机制

Transformer架构是大语言模型的基石，其核心在于自注意力机制(self-attention)。我们可以想象大模型有一个“智能笔记本”，当它读一段文字时，会边读边用荧光笔标注关键词之间的联系。例如，在句子“小明吃苹果”中，“吃”和“苹果”会被重点关联。这种能力被称为注意力机制——模型通过计算每个词与其他词的关系，理解谁在做什么、发生了什么。正是这种机制，让模型能处理长句子而不“忘记”前文。

当输入一段文本时，模型首先将每个词转换为嵌入向量(高维数学表示)，随后自注意力机制会计算词与词之间的关联权重。这种机制使模型能够捕捉长距离依赖关系，突破早期模型对局部上下文的限制。

2. 模仿学习的过程：预训练与微调

大模型的训练分为两个阶段：预训练与微调。

(1) 预训练：填字游戏式的学习。模型最初通过“填字游戏”学习语言规律。例如，当看到“天空是____的”时，它会猜测空白处可能是“蓝”或“灰”，而不是“酸”。这种训练不需要人工标注答案，模型会从数十亿句子中自动发现规律。

(2) 微调：专项特训。通用模型经过预训练后，可以通过特定任务优化。例如用医疗问答数据训练，模型就能逐渐学会专业术语和诊断逻辑，类似医学生从通识教育转向临床实习。

3. 规模效应：越大越聪明

模型的“脑容量”(参数数量)越大，表现越惊人。当一个模型的参数达到千亿级别(相当于人脑神经元连接的千分之一)时，它会产生意料之外的能力，如解答数学题、写诗歌，甚至理解笑话。这种能力不是被直接教授的，而是通过海量数据“悟”出来的，就像孩子通过大量阅读自然学会写作。

4. 概率接龙：生成句子的原理

当用户输入“为什么天空是+？”时，模型会像玩词语接龙一样，计算接下来最可能的词，如图3-4所示。

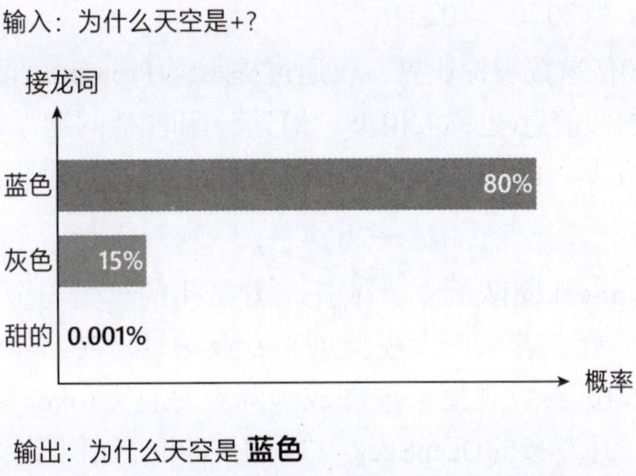

图 3-4 大模型生成内容过程示例

模型选择高概率词拼接成完整回答。这个过程每秒进行数十次，最终生成流畅的文本。该机制也解释了为什么模型偶尔会“胡言乱语”——当上下文线索不足时，低概率词可能被错误选中。

3.4 大模型的发展历程

大模型的演进是一场“从规则到直觉”的技术革命。它的发展并非一蹴而就，而是伴随计算能力、数据资源和算法思想的突破逐步推进，最终从简单的词语统计工具进化为能对话、创作甚至推理的智能体。

1. 早期探索：规则与统计的碰撞(20世纪90年代至21世纪第一个十年)

20世纪末，语言模型依赖人工编写的语法规则。例如，早期的翻译系统需要程序员手动输入“英语疑问句倒装规则”，这类系统僵硬且难以扩展。2000年后，统计学习方法兴起，模型通过计算词语共现频率预测句子，比如“猫吃鱼”比“鱼吃猫”出现的概率更高。这类模型(如N-gram模型)像一本“词语接龙手册”，能生成语法正确的句子，但缺乏对语义的理解。

2. 神经网络革命：从单词到上下文(21世纪第一个十年至2016年)

2013年前后，神经网络技术的引入让模型开始捕捉上下文关系。循环神经网络(RNN)可以记住前文信息，例如句子“她在银行工作”中，“银行”被理解为金融机构而非河岸。但这种模型像“记忆力短暂的老人”，长句子后半段常忘记开头内容。2014年，注意力机制的概念首次提出，模型学会像人类一样“画重点”，但此时技术尚未成熟。

3. Transformer时代：量变引发质变(2017—2019年)

2017年，谷歌团队提出Transformer架构，通过并行计算和自注意力机制彻底改变语言模型。模型能同时分析“猫”“坐”“垫子”三个词的关系，而无须逐词处理。2018年，OpenAI推出第一代GPT模型，谷歌发布BERT，两者分别通过“从左到右生成”和“双向理解上下文”探索不同的技术方向。

4. 参数爆炸与能力涌现(2020—2022年)

2020年，GPT-3以1750亿参数震惊业界，仅通过提示词(Prompt)就能完成翻译、编程甚至模仿名人风格写作，但生成虚假信息(也称大模型“幻觉”)和能耗问题浮现。2022年，ChatGPT通过监督微调和人类反馈强化学习(RLHF)提升对话安全性，成为首个现象级AI应用。

5. 中国力量的崛起与开源革命(2023—2024年)

2023年7月，中国DeepSeek团队成立，依托幻方量化的算力与金融领域经验，推出首个代码模型DeepSeek Coder，标志着国产大模型进入专业场景。2024年5月，DeepSeek-V2以混合专家(MoE)架构实现2360亿参数规模，推理成本降至每百万token仅1元人民币，价格仅为GPT-4 Turbo的1%。同年12月发布的DeepSeek-V3采用FP8混合精度训练，成本降低至557万美元，性能却与GPT-4、Claude 3.5等国际顶尖模型比肩。

6. 推理能力突破与多模态融合(2025年)

2025年初，DeepSeek发布DeepSeek-R1，通过知识蒸馏技术将复杂推理能力迁移到轻量级模型，在数学、代码任务中表现媲美OpenAI o1。其移动端智能助手登顶美区App Store下载榜，超越ChatGPT和Google Gemini。同期推出的多模态模型Janus-Pro支持文本、图像、视频的联合生成，如根据手绘草图生成网页代码。这一阶段的技术突破不仅降低了AI使用门槛，更推动了大模型在医疗、教育等垂直领域的普惠化应用。

7. 未来：从工具到协作者

当前的大模型已具备初级逻辑推理能力，例如分析新闻事件的因果关系或解答竞赛级数学题，但挑战依然存在：模型仍依赖统计规律而非真实理解，能源消耗与伦理风险亟待解决。DeepSeek等中国团队的实践为未来指明了方向——通过开源生态促进技术共享，结合小型化模型与多模态感知，让AI从“实验室巨兽”转型为“随身智囊”。

3.5　人工智能与大模型的关系

人工智能的目标是让机器像人一样思考、学习和解决问题，而大模型正是实现这一目标的重要工具。两者的关系可以通俗地理解为“大脑”与“智慧”——大模型为AI装上了更强大的“大脑”，让它能处理更复杂的任务。具体可从以下三方面理解。

1. 技术演进：大模型是AI技术的“升级版”

早期的AI技术更像“单项冠军”，例如人脸识别只能识别人脸，翻译软件只能翻译句子。但大模型通过海量数据的学习，变成了“全能选手”。例如，同一个大模型既能写新闻稿，又能解答数学题，甚至能模仿不同作家的文风写诗。这种能力升级的背后是AI从“死记硬背”到“举一反三”的跨越，就像学生从背诵课本到学会独立思考，大模型让AI变得更聪明、更灵活。

2. 应用拓展：大模型让AI“走进生活”

传统AI技术的应用场景有限，而大模型让AI技术真正融入日常。例如校园里，大模型可以自动生成运动会报道、为失物招领通知配音，甚至帮老师批改作业。这些功能不再需要为每个任务单独开发程序，而是通过一个通用模型灵活实现。就像智能手机用一个系统支持无数个App，大模型让AI技术的应用场景无限扩展。

3. 生态协同：两者互相推动进步

AI技术的理论为大模型提供“基础知识”，而大模型的实践又反过来推动AI技术发展。例如，训练大模型需要超强的算力，这促使计算机硬件(如显卡、芯片)不断升级；同时，大模型生成的内容可能出错或存在偏见，这也促使人们研究如何让AI更安全、更可靠。就像汽车的发明不仅改变了人们的出行方式，还推动了公路建设和交通规则完善。

3.6　大模型的分类

大模型根据其技术特性、应用场景和开发模式可分为多种类型。以下从任务类型、参数规模和应用领域3个维度展开说明。

1. 按任务类型分类

大模型的核心功能决定了其任务类型，按任务类型分类，主要分为生成式模型、判别式模型和多模态模型。对比详情如表3-1所示。

表3-1　按任务类型分类

任务类型	核心功能	示例模型	应用场景
生成式模型	文本生成、创作、对话	GPT-3、PaLM	新闻稿撰写、编程辅助
判别式模型	文本分类、问答、信息抽取	BERT、RoBERTa	舆情监控、智能搜索
多模态模型	跨模态生成(文本+图像/音频)	CLIP、DALL·E	图文配诗、AI绘图

2. 按参数规模分类

参数规模直接影响模型的性能与资源需求，按参数规模分类，主要分为百亿级模型和千亿级模型。对比详情如表3-2所示。

表 3-2　按参数规模分类

参数规模	参数范围	算力需求	典型场景	示例模型
百亿级模型	100亿~500亿	中等(普通服务器)	教育辅助、企业客服	GPT-2、ChatGLM
千亿级模型	1000亿以上	极高(超算集群)	科研分析、复杂决策	GPT-4、PaLM-2

3. 按应用领域分类

根据垂直场景的需求，大模型可分为通用型模型与垂直型模型。对比详情如表3-3所示。

表 3-3　按应用领域分类

应用领域	核心特点	训练数据	典型场景	示例模型
通用型模型	跨领域适配，指令驱动	互联网通用文本	办公自动化、内容生成	GPT-4、T5
垂直型模型	领域深度优化，专业性强	医学论文、法律条文	医疗诊断、法律咨询	BioGPT、LexGPT

3.7　大模型的应用领域

大语言模型的应用已渗透至几乎所有行业，其核心价值在于重构生产力范式——通过自然语言交互实现知识传递、流程自动化与决策辅助。大模型的应用领域介绍见表3-4。

表 3-4　大模型的应用领域

应用领域	典型应用场景	代表案例与技术价值	中国实践
教育	智能辅导、课件生成、虚拟实训	作业帮“AI 答疑助手”（分析错题提供个性化练习，支持多模态动态教学）	广东轻工职业技术学院虚拟实训导师（自然语言实时指导机床操作，具象化实训步骤）
医疗	辅助诊断、慢病管理	腾讯觅影 (CT 报告生成模型，整合多源数据提升诊断精准度）	医渡云社区预诊系统（自然语言记录患者症状，推动服务从“被动救治”转向“主动预防”）
工业制造	预测性维护、AI 质检	海尔卡奥斯（设备预警模型，整合历史与实时数据，降低停机概率）	华为工厂 AI 质检系统（将技师经验转化为量化标准，提升检测一致性）
政务服务	政策解读、民生咨询	杭州“城市大脑”（自动生成政策解读文本，缩短起草周期）	黑龙江“龙政通”、深圳龙岗“龙小i”（提升咨询处理量，提供全生命周期政务服务）
金融	智能投顾、合同审查	国金证券“AI 投顾”（结合用户数据与行情提供个性化策略）	招商银行智能合同审查系统（优化审核流程，降低合规风险）

续表

应用领域	典型应用场景	代表案例与技术价值	中国实践
法律与创意	合同审核、营销素材生成	智谱清言法律版(优化合同审核流程，聚焦策略分析)	京东 AI 海报工具(通过自然语言指令生成营销素材，提升产出效率)
科研	文献分析、生物分子预测	AlphaFold 3(预测蛋白质与生物分子相互作用，助力药物研发)	中科院文献平台(整合论文关键信息，辅助把握领域研究动态)
交通与物联网	铁路调度、设备运维	TransGPT(辅助铁路调度审核，提升管理效率)	树根互联平台(借助 CibyGPT 分析传感器数据，优化资源配置)

实训任务

任务 1　用大模型生成校园新闻稿

校园运动会闭幕后，学生会需要在两小时内完成一篇500字新闻稿，发布至学校微信公众号。传统写作需要整合赛事亮点、获奖名单、领导发言等多类信息，耗时费力。现借助大语言模型工具，实现快速生成结构化新闻内容。

1. 工具选择(零代码工具)

推荐选择智谱AI(中文优化较好)、ChatGPT或者国内平台豆包。打开工具网页，注册并登录。

2. 关键信息输入

输入清晰的结构化信息，如图3-5所示。

```
【事件】：XX高职第XX届运动会闭幕式
【时间】：2025年XX月XX日下午3点
【地点】：学校体育场
【核心亮点】：
- 男子100米决赛破校纪录（选手：张三，成绩：11.2秒）
- 团体总分前三名班级：机电2301班、护理2303班、计算机2302班
- 校长讲话关键词："拼搏精神""全民健身"
【风格要求】：正式活泼，适合公众号阅读，含鼓励性结尾
```

图 3-5　输入结构化信息

3. 生成新闻稿

(1) 输入指令“根据以上信息生成一篇500字校园运动会新闻稿，分3~4个段落，包含标题、导语、亮点特写和总结”。

(2) 单击“生成”按钮，等待获取初稿。

4. 内容优化

(1) 检查事实准确性(如班级名称、成绩数据)，补充细节(如现场氛围描写：观众席掌声雷动)。

(2) 调整段落顺序，使逻辑更流畅(如先总述成果，再分亮点，最后展望)。

5. 格式适配

(1) 添加公众号常用元素(如开头“点击蓝字关注我们”，结尾“转发分享，为运动健儿点赞”)。

(2) 插入相关图片(如运动员冲刺照片，标注“供图：学生会宣传部”)。

6. 交付成果

导出文本为Word文档，或将相关内容直接复制到公众号编辑器并发布。

任务2 设计招生咨询智能回答助手

招生期间，学校招生办每天接收超200条咨询信息，重复问题占比70%(如“分数线”“专业就业方向”“宿舍条件”)，需要搭建一个大语言模型驱动的智能回答助手，自动回复常见问题，减轻人工负担。

1. 需求分析与知识库搭建

(1) 收集高频问题：整理近3年招生咨询记录，筛选出前10大问题，示例如图3-6所示。

- 今年 XX 专业录取分数线是多少?
- 宿舍是几人间？是否有空调 / 独立卫浴?
- 毕业生就业去向有哪些?
- 校园环境如何？是否有实训基地?

图 3-6 高频问题汇总示例

(2) 构建结构化知识库，为每个问题编写标准回答，如图3-7所示。

Q：宿舍是几人间？是否有空调/独立卫浴?
A：我校宿舍为4~6人间，均配备空调和独立卫浴，部分楼栋设有公共洗衣房和自习室。

图 3-7 结构化知识库构建

2. 工具选择与配置

(1) 推荐使用腾讯智能对话平台(零代码，支持中文知识库导入)或 ChatGPT的Function Calling功能。

(2) 以腾讯智能对话平台为例。

- 登录平台，创建“招生咨询”应用。
- 在“知识库管理”中批量导入问题-答案对，开启“模糊匹配”功能(如允许“分数线”匹配“录取分数”“分数要求”等表述)。

3. 对话流程设计

(1) 欢迎语设置示例：您好！欢迎咨询××高职招生政策，请问您想了解哪些方面(可直接提问，如“宿舍条件”“就业情况”)。

(2) 多轮交互逻辑。

- 若问题在知识库中，直接返回答案，并补充“是否需要进一步了解”。
- 若问题不在知识库中，回复“您的问题我们已记录，将由招生老师尽快联系您”并触发人工跟进提醒。

4. 测试与优化

模拟咨询测试，用不同表述提问，检查匹配准确率。记录未匹配问题，每周更新知识库。

5. 部署与应用

将智能助手嵌入招生官网首页、微信公众号菜单，搭配人工客服入口，实现“AI初筛+人工精答”协同模式。

拓展知识

我国大语言模型市场呈现“头部领跑、多强争锋”格局，技术分化、生态重构和场景深化成为主要趋势。头部模型聚焦通用能力与垂直场景结合，覆盖政务、教育、医疗、工业等核心领域，并通过开源策略加速生态构建。我国当前主流大模型产品见表3-5。

表3–5 我国当前主流大模型产品

模型名称	开发公司或团队	核心能力与特点	主要应用场景
通义千问	阿里巴巴	支持200多种编程语言，电商场景市占率85%，集成阿里云一键发布API服务	电商客服、物流调度、药物研发
文心一言4.0	百度	整合百度知识图谱，医疗诊断合规性强，古籍文献数字化准确率高	医疗、教育、金融
讯飞星火V5.0	科大讯飞	支持30多种语言交互，司法庭审记录准确率高，降低了语音交互延迟	教育、司法、多语种服务
豆包大模型	字节跳动	日均处理政务咨询300万次，短视频脚本生成支持平台算法嵌入	政务热线、短视频创作、教育辅导
DeepSeek-R1	深度求索	开源模型，数学与代码生成准确率高，推理成本仅为GPT-4的1/7	工业控制、科研模拟
智谱GLM-4	清华大学	支持量子计算模拟，中英文论文摘要生成准确率高	学术研究、论文辅助
混元大模型	腾讯	万亿参数规模，支持文本到视频生成，深度接入微信生态	影视创作、社交生态服务
百川大模型	百川智能	医疗诊断辅助系统覆盖多家医院，开源模型下载量破百万	基层医疗、疾病诊断

国外大模型以通用性和多模态能力见长，技术竞争集中在推理能力、长上下文支持与合规性优化。OpenAI、Google、Anthropic等企业主导技术方向，开源模型生态快速发展。国外主流大模型产品见表3-6。

表 3-6　国外主流大模型产品

模型名称	开发公司或团队	核心能力与特点	主要应用场景
GPT-4o	OpenAI	多模态输入(文本/图像/音频/视频)，推理能力接近人类水平	科研分析、全媒体内容生成
Gemini 2.0 Ultra	Google DeepMind	支持100多种语言实时互译，上下文窗口扩展至200万token	全球化协作、多模态搜索优化
Claude 3.5	Anthropic	上下文窗口1M token，宪法AI架构确保合规性，医疗法律领域表现突出	法律文书分析、高安全性对话系统
Grok-3	xAI(马斯克)	开源策略+深度搜索模式，数学与代码生成刷新SOTA水平	科研、硬件开发、复杂逻辑推理
Llama 3	Meta	开源700亿参数模型，推理速度提升200%，支持多语言优化	中小企业定制化解决方案、学术研究
Mistral-Large	Mistral AI(法国)	多语言处理与代码生成支持80多种语言，低幻觉率	内容创作、多语言客服
PaLM-3	Google	专攻常识推理与数学编码，响应速度领先同类模型	教育自动解题、金融量化模型

技术趋势与对比分析如下。

(1) 开源与闭源共存：国内DeepSeek、智谱GLM等开源模型推动技术普惠，国外Llama、Grok-3通过开源策略加速生态扩展。

(2) 垂直领域深化：医疗、工业、政务等场景成为模型落地核心方向。

(3) 多模态竞争：GPT-4o、Gemini 2.0等支持文本、图像、视频融合处理，拓展创意产业应用边界。

作业与测评

1. 使用任意大模型工具，为“校园科技节”生成一篇300字的新闻稿，要求包含时间、地点、活动亮点等内容，并分析生成内容的准确性与创新性。

2. 如果大模型生成的新闻稿中出现虚构嘉宾的发言，可能引发哪些伦理问题？如何通过技术或制度规避？

3. 调研一款国产大模型(如文心一言)，总结其功能、特点，以及在教育领域的应用案例。

项目 4 智能体

案例导学 电商自动客服助手

场景描述

在菜鸟网络智能仓中，每天完成日均20万订单的分拣、搬运和配送任务，需要调度500多台机器人，会面临以下挑战

- 动态路径冲突：机器人集群在窄通道高频交叉作业，拥堵率高达35%
- 能源效率低下：机器人完成配送后无任务调度，空载返回充电站，年电费支出过高，超800万元
- 订单时效危机：生鲜和医药类订单的商品保鲜期很短，订单延迟率超过18%，冷链仓因调度延迟导致120单药品变质

解决思维

问题：机器人任务分配不合理导致堵塞和空仓费电 → 数据：仓库地图和订单先后顺序 → 算法：快速计算路径算法 → 工具：路径规划软件(自动生成路线图) → 应用：送货时间缩短，用电量减少，过期的订单量减少

解决方案

针对仓储机器人路线调度的问题，提出以下三种解决方案

- 动态避障绕行机制：在窄的通道中标记经常出现的拥堵点，设置自动绕行拥堵点的程序
- 智能休眠节能策略：设置空闲超时规则，触发休眠状态降低能耗，从而达到降低空驶率和电费的效果
- 紧急订单优先插队系统：采用优先级队列调度，为生鲜、医药订单自动分配最高权限，确保时效敏感订单延迟率下降

学生讨论

1. 如果智能体既要避免机器人在窄通道相撞，又要确保生鲜订单准时送达，你认为它的决策逻辑应该优先考虑哪个目标？说明你的理由。若智能体回复错误，应如何优化？

2. 当某个机器人突然故障时，你觉得智能体应如何指挥其他机器人“互相帮助”？描述一种你认为最合理的协作方案。你认为未来智能客服最重要的一个发展方向是什么？

3. 假如发现休眠规则导致高峰期响应变慢，智能体该怎样自主优化规则？请提出一个简单调整思路。

4. 如果优先处理医药订单导致普通用户等待时间翻倍，智能体是否应该坚持这种策略？从企业责任和用户体验角度谈谈你的观点。

学习导图

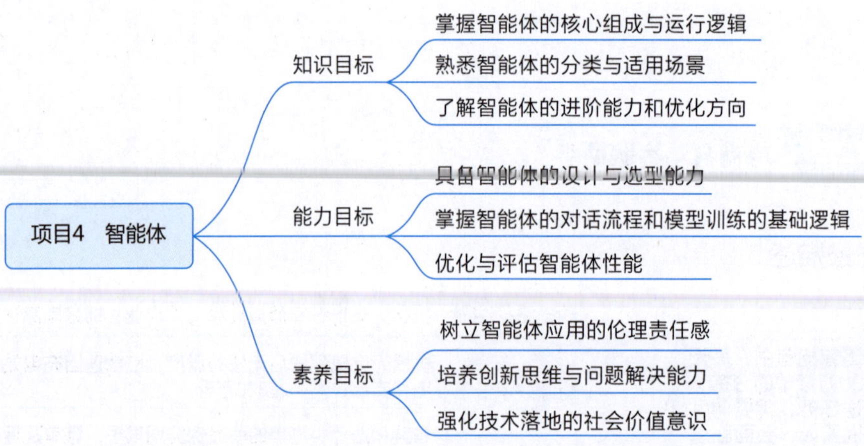

知识学习

智能体(agent)作为人工智能领域的重要分支，旨在通过模拟人类智能行为，实现自主感知、决策、行动与学习的能力，如图4-1所示。其核心在于构建一个闭环系统，能够根据环境动态调整策略，并通过持续优化提升服务效率与用户体验。本项目从智能体的核心组成、类型与应用场景、进阶能力与优化方向三个维度展开理论阐述，结合实际案例说明其设计逻辑与实践意义。

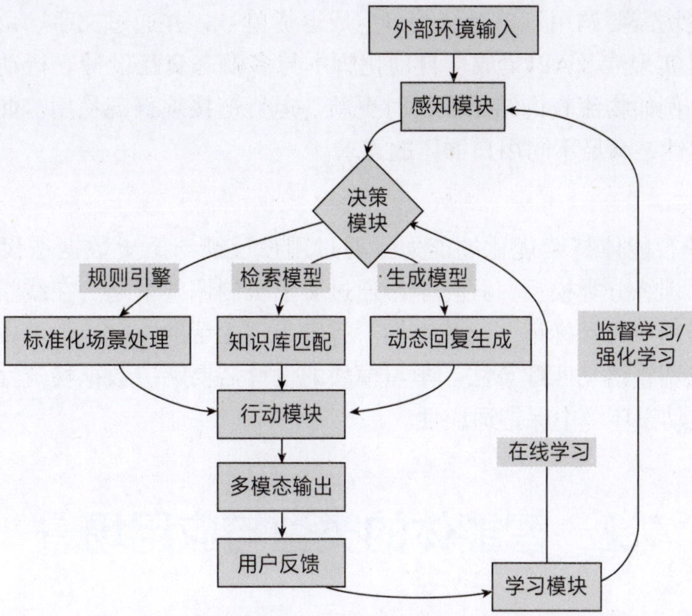

图 4-1 智能体构成

4.1 智能体的核心组成

1. 感知模块

感知模块是智能体与外部环境交互的“感官”，负责接收并解析多模态输入信息。其核心任务是将原始数据转化为结构化信息，为后续决策提供依据。例如，在电商客服场景中，用户输入“订单1234的物流状态”时，感知模块须通过自然语言处理(NLP)技术识别关键实体，并判断用户意图。语音识别(ASR)与图像识别(CV)技术则分别处理语音指令和图片信息，例如用户上传商品截图咨询真伪时，智能体须提取图像特征并与数据库匹配。感知模块的准确性直接影响后续流程的可靠性，因此需要结合语义理解、噪声过滤等技术提升鲁棒性。

2. 决策模块

决策模块是智能体的“大脑”，根据感知结果选择最优解决方案。其实现方式多样，包括规则引擎、检索模型与生成模型。规则引擎依赖预定义的逻辑链，适用于标准化场景；检索模型通过计算语义相似度从知识库中匹配答案，适合政策咨询等结构化问题；生成模型则动态生成回复，处理开放性或情感类问题。例如，用户要求“推荐适合油皮的护肤品”时，决策模块可能结合协同过滤算法与用户历史数据生成个性化建议。决策模块的设计须平衡效率与灵活性，混合型架构(规则、检索与生成)在实践中广泛应用。

3. 行动模块

行动模块将决策转化为具体操作，包括信息反馈、系统调用与多模态输出。例如，在退货流程中，行动模块需要调用订单系统接口生成退货单号，并通过文字、语音或富媒体消息通知用户。其技术实现涉及API集成、自动化脚本与多模态交互设计。行动模块的效率与用户体验密切相关，例如物流查询结果须实时更新、退货链接须直观易用。此外，多模态输出可提升服务的包容性，满足不同用户群体的需求。

4. 学习模块

学习模块赋予智能体持续优化的能力，通过用户反馈与历史数据迭代模型性能。监督学习利用标注数据训练分类模型，强化学习通过奖励机制调整策略，在线学习则支持实时增量更新。例如，当用户频繁标记“物流查询”答案为“无帮助”时，学习模块可触发人工复核，更新知识库或调整语义匹配算法。学习模块的设计需要解决数据稀疏性、模型漂移等问题，确保智能体在动态环境中保持适应性。

4.2　智能体的类型与应用场景

根据技术路径与功能特点，智能体可分为规则型、检索型、生成型与混合型四类，每类适用于不同的业务场景，参见表4-1。

表 4-1　各类型智能体对比

类型	优点	缺点	适用场景
规则型	稳定、高效	灵活性低	标准化流程
检索型	准确性高	依赖知识库质量	政策咨询、FAQ
生成型	灵活、适应性强	成本高、风险不可控	开放性问题、情感交互
混合型	兼顾效率与灵活性	架构复杂	综合型客服、教育助手

1. 规则型智能体

规则型智能体依赖预定义的逻辑规则，通过“条件-动作”链实现确定性响应，其优势在于稳定性高、响应速度快，适用于流程标准化且风险敏感的场景。例如，银行密码重置需要严格遵循身份验证步骤，医疗系统中的处方审核需要符合临床指南。然而，规则型智能体灵活性不足，无法处理规则外的复杂问题，如用户描述模糊的投诉。

2. 检索型智能体

检索型智能体通过语义匹配从知识库中提取答案，其核心在于构建高质量的知识库与高效的相似度计算模型。传统方法依赖TF-IDF等统计模型，现代技术则采用深度学习，如基于Transformer的语义向量模型，提升语义理解精度。此类智能体适用于政策咨询、FAQ等场景，例如政府政务机器人回答“居住证办理流程”时，须快速匹配政策文档并返回结构化指引。知识库的更新与维护是检索型智能体的关键挑战，须定期清理过时信息并补充新内容。

3. 生成型智能体

生成型智能体利用大模型动态生成回复，擅长处理开放性问题与情感交互。例如，心理咨询助手需要根据用户情绪生成共情回复，旅游推荐系统需要结合用户偏好生成个性化攻略。然而，生成模型的不可控性可能引发错误或不合规内容，需要通过约束生成、人工审核等方式降低风险。此外，大模型的高计算成本限制了其在资源受限场景中的应用。

4. 混合型智能体

混合型智能体综合规则型、检索型与生成型智能体的优势，通过分层架构实现效率与灵活性的平衡，典型流程为优先通过规则型智能体与检索型智能体处理简单问题，复杂问题转交生成型模型，并以人工审核兜底。例如，电商客服系统80%的常见问题由规则型智能体与检索型智能体解决，剩余20%的个性化问题由生成型智能体处理。混合型智能体需要解决模块间协同、状态管理等技术难点，但其综合性能使其成为企业级应用的主流选择。

4.3 智能体的进阶能力与优化方向

智能体作为人工智能的典型应用，通过感知、决策、行动与学习的闭环设计，实现了从环境交互到自主优化的完整能力。其类型多样，涵盖规则型、检索型、生成型与混合型架构，分别适用于标准化、结构化、开放性与综合性场景。进阶能力与持续优化机制进一步扩展了其应用边界。然而，智能体的设计与部署需要兼顾技术可行性与伦理责任，通过理论探索与实践迭代，推动其在教育、医疗、商业等领域的健康发展。对于职业院校的学生而言，理解智能体的核心逻辑与应用场景，掌握其优化方法，将为参与人工智能项目奠定坚实基础。

1. 多模态交互能力

多模态交互支持文本、语音、图像等混合输入与输出，能提升服务的包容性与用户体验。例如，用户上传商品故障视频时，智能体须结合视频分析与文本描述定位问题；语音助手须在嘈杂环境中实现精准识别，并根据场景调整语音合成的语调。多模态融合技术是实现这一能力的关键，但其开发需要跨领域技术整合与大量数据训练。

2. 上下文记忆与状态管理

上下文记忆使智能体能够追踪对话历史，实现连贯的多轮交互。例如，用户先问“订单状态”，再问“如何退货”时，智能体需要自动关联订单信息，避免重复询问。状态机模型通过定义对话阶段引导用户完成多步操作。技术上，可通过会话ID绑定与缓存技术记录对话状态，但其设计需要兼顾效率与隐私保护。

3. 情感分析与个性化服务

情感分析技术识别用户情绪，并据此调整回复策略。例如用户投诉物流延迟时，智能体需要优先安抚情绪并提供补偿方案，而非机械重复政策条款。个性化服务则基于用户历史行为数据定制回复内容，例如老用户咨询时自动显示常用地址。此类能力需要结合情感分类模型与推荐算法，但其实现依赖高质量的数据标注与隐私保护机制。

4. 持续学习与A/B测试机制

持续学习使智能体能够通过用户反馈与新增数据迭代优化。例如，标注错误案例后重新训练意图分类模型，或者通过强化学习调整对话策略。A/B测试通过对比不同版本的效果，选择最优解决方案。例如，如果测试显示包含视频教程的退货指引比纯文本的转化率高20%，则全量上线新版本。持续学习需要解决模型漂移与数据偏差问题，而A/B测试需要科学设计实验分组与评估指标。

5. 智能体的社会影响与伦理考量

智能体的广泛应用不仅提升效率，也引发伦理与社会问题的讨论。例如，数据隐私泄露风险，算法偏见需要通过公平性检测与数据脱敏缓解。此外，智能体可能替代部分人工岗位，需要探索人机协作的新模式(如智能体处理标准问题、人工处理复杂问题或情感问题)。未来，智能体的发展需要在技术创新与伦理规范间寻求平衡，确保其服务于增进社会福祉。

实训任务

任务 1　选择智能体类型

某电商平台计划优化其智能客服系统，需要从现有主流购物平台的智能体中筛选出最适合处理用户高频问题的类型。作为平台技术团队成员，你需要通过统一测试指令，对比不同智能体的操作流程、设计特征及用户交互体验，最终提出优化方案。以下是操作步骤。

(1) 进入以下购物平台的客服界面，确保使用相同账号登录以统一测试条件：拼多多客服机器人、京东JIMI客服、淘宝阿里小蜜和天猫国际客服，拼多多客服功能页面如图4-2所示，其他网站类似。

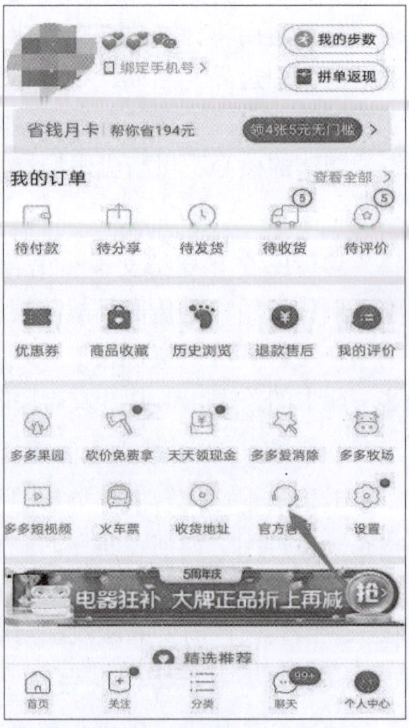

图 4-2　拼多多客服功能页面

(2) 向每个智能体依次输入标准化问题，记录其响应内容与交互流程：①订单查询，我的订单号20230915001物流到哪了；②退货申请，收到的衣服有污渍，怎么退货；③商品推荐，推荐一款适合夏天的防晒霜。

(3) 详细记录不同平台的反馈，并完成图4-3所示表格。

表格填写要求：响应时间即记录从发送问题到收到完整回复的时间区间；答案准确性中，选择1分(完全错误)至5分(完全正确)；用简短关键词描述最需要改进的点，例如“物流信息模糊”“回复机械”等；在勾选方式上，在对应单元格的方框(□)内画√；评分项(如1~5分)须根据实际体验勾选对应分值；个性化程度选择高、中或低，是否类问题选择是或否。

测试任务	评估指标	拼多多	京东JIMI	淘宝阿里小蜜	天猫国际
订单查询	响应时间（秒）	□ <5 □ 5~10 □>10	□ <5 □ 5~10 □>10	□ <5 □ 5~10 □>10	□ <5 □ 5~10 □>10
	答案准确性（1~5分）	□1 □2 □3 □4 □5	□1 □2 □3 □4 □5	□1 □2 □3 □4 □5	□1 □2 □3 □4 □5
	是否自动识别订单号	□是 □否	□是 □否	□是 □否	□是 □否
退货申请	流程清晰度（1~5分）	□1 □2 □3 □4 □5	□1 □2 □3 □4 □5	□1 □2 □3 □4 □5	□1 □2 □3 □4 □5
	是否引导上传凭证	□是 □否	□是 □否	□是 □否	□是 □否
	是否有情感安抚话术	□是 □否	□是 □否	□是 □否	□是 □否
商品推荐	个性化程度（高/中/低）	□高 □中 □低	□高 □中 □低	□高 □中 □低	□高 □中 □低
	推荐多样性（1~5分）	□1 □2 □3 □4 □5	□1 □2 □3 □4 □5	□1 □2 □3 □4 □5	□1 □2 □3 □4 □5
	是否结合历史购买记录	□是 □否	□是 □否	□是 □否	□是 □否
总体评价	综合满意度（1~5分）	□1 □2 □3 □4 □5	□1 □2 □3 □4 □5	□1 □2 □3 □4 □5	□1 □2 □3 □4 □5
	最需要改进的点（简写）	________	________	________	________

图 4-3　记录不同平台的反馈

(4) 将上述对比分析整理为报告，并重点说明各类型智能体的核心差异以及可能改进的方法和措施。

任务 2　智能图书管理员助手

某高校图书馆计划引入一款智能图书管理员助手，需要支持图书查询、借阅管理及个性化推荐书功能。作为设计团队成员，你需要设计该智能体的核心功能模块，并明确各模块的协作流程。任务分三步完成，无须编写代码，仅需要逻辑设计与流程说明。

(1) 列出图书馆用户的典型需求，并设定一个学生想要查询的问题。

(2) 将图书馆智能助手的功能模块分为三大类(提示：可考虑分为用户交互模块、业务处理模块、数据支撑模块)，并分别描述每个模块功能。

学生在调研图书馆助手之前可以先浏览一些图书馆搜索网站，推荐中国国家图书馆(见图4-4)，网址为https://www.nlc.cn/web/index.shtml。

图 4-4　中国国家图书馆界面

(3) 通过流程图展示不同模块的功能设计，并结合开始设定的问题，画出图书馆智能助手在后台解决问题的流程。

拓展知识

1. 天池大赛：中国商业场景的AI实战引擎。

天池大赛由阿里巴巴集团于2014年推出，如图4-5所示，是中国领先的人工智能竞赛平台，聚焦电商、物流、金融等垂直领域的实际商业问题，强调技术与业务的深度融合。与Kaggle的全球化定位不同，天池的核心目标是推动阿里巴巴生态的技术创新，同时为行业输送实战型人才。其竞赛题目直接源于阿里旗下业务需求，例如“天猫用户购买行为预测”要求选手基于脱敏后的用户浏览、加购、下单日志数据，构建精准的购买概率模型，优化淘宝推荐系统的转化率；而“菜鸟网络仓储机器人调度赛”则需要设计算法提升物流仓库的自动化分拣效率，优胜方案可能直接应用于菜鸟的智能仓配系统。天池的数据集以规模大、噪声多、场景复杂著称，例如某金融风控赛题包含数千万条交易记录，选手需要处理数据稀疏性、特征缺失等工业级挑战，这种“原生态”数据训练出的模型更适用于落地业务。

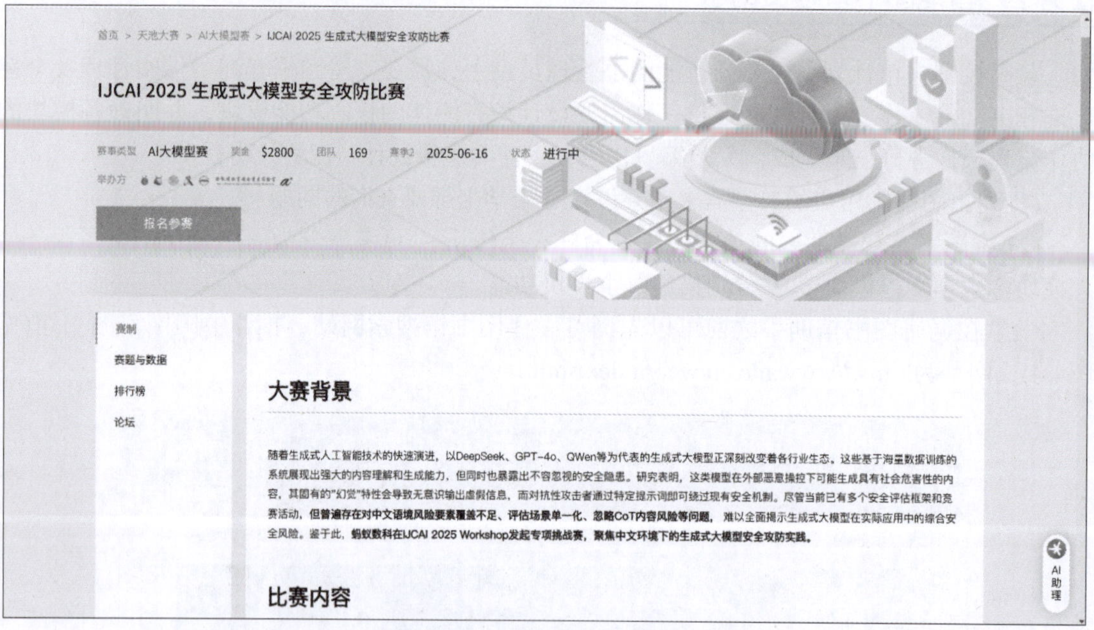

图 4-5　天池大赛平台界面

天池的核心优势在于其产研结合的生态资源。参赛者可申请阿里云PAI平台的免费算力，利用分布式训练加速模型迭代；阿里技术专家定期举办直播解析赛题，提供实战指导。此外，天池与高校合作紧密，例如“数加杯”系列竞赛吸引了数百所高校团队参与，推动了学术研究向产业应用转化。对于参赛者而言，天池不仅是技术试炼场，更是职业发展的跳板——优秀选手可进入阿里人才库，进入实习或校招绿色通道。例如，2022年“阿里云智能运维算法大赛”的冠军团队因其创新的时序预测模型，被直接邀请参与阿里云服务器故障预警系统的开发。

2. 天池大赛的典型案例。

天猫用户购买行为预测是天池大赛中极具代表性的赛题之一，旨在通过用户历史行为数据精准预测未来7天的购买意向。面对数千万条脱敏日志和数万商品类目的复杂数据，选手需要应对数据稀疏性、长尾分布以及实时性要求等核心挑战。

菜鸟网络仓储机器人调度优化聚焦智能仓库的自动化分拣效率提升，要求选手设计算法减少机器人路径冲突并降低能耗。赛题提供仓库三维地图、机器人运动轨迹及订单数据，技术难点包括动态路径规划、多目标优化(平衡效率与能耗)及仿真验证。冠军方案将强化学习(RL)与遗传算法相结合：RL框架训练机器人自主决策实时路径，遗传算法全局优化任务分配，减少跨区调度。这一方案使分拣效率提升22%，能耗降低18%，并成功应用于杭州某智能仓，日均订单处理量增加3万件，验证了算法在复杂工业场景中的实用性。

3. 天池大赛的核心价值与影响。

天池大赛以真实业务需求驱动技术创新，赛题数据直接源自阿里巴巴生态，涵盖电商、物流、金融等核心场景，兼具复杂性与实用性。选手需要融合机器学习、运筹学、图计算等多领域技术，推动解决方案从实验室走向产业落地。例如，天猫推荐算法优化直接提升用户购物体验，菜鸟机器人调度方案助力仓储自动化升级，支付宝风控模型保障交易安全。同时，大赛为高校团队提供实战平台，优秀选手可通过绿色通道进入阿里生态，实现产学研深度协同。这些案例印证了天池大赛“以赛促研、以研促用”的核心理念，持续推动AI技术解决商业与社会难题。

作业与测评

1. 选择一篇与智能客服相关的论文，分析其感知、决策、行动模块的设计。
2. 针对电商自动客服，提出3项可引入的AI技术，并说明实现思路。
3. 智能体处理用户隐私数据时可能面临哪些风险？如何设计保障机制？

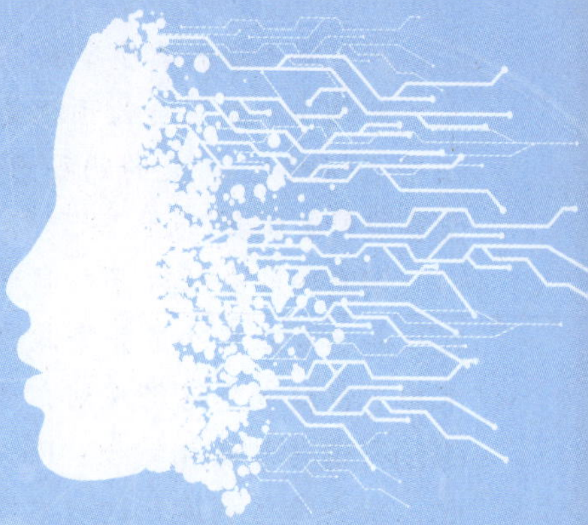

项目 5
生成式人工智能

案例导学　校园文化节宣传 AI 助手

场景描述

进行校园文化节宣传，但面临以下问题：

- 文案：非文学专业的学生，文笔一般
- 海报：懂设计且审美好的学生较少
- 短视频：生成创意内容、剪辑视频要求较高，学生完成难度偏大

解决思维

问题：耗时长 → 数据：图、视频等 → 技术：文生图、文生视频等 → 工具：豆包、剪映等 → 应用：活动宣传

解决方案

校园文化节宣传解决方案：

- 利用AI写作大模型快速生成符合语言习惯的创意文案
- 利用文生图类AIGC工具快速完成专业级设计，增强视觉传达的冲击力与记忆点
- 利用图文生视频AIGC工具将静态图文素材转化为短视频，自动匹配转场特效和音乐节奏

文案生成：收到活动基本信息(或通过自然语言生成技术自动提取关键词扩展文案框架)，利用AI写作大模型进行语言风格迁移，快速生成符合语言习惯的创意文本。系统预设网络热

梗、校园俚语、悬念体等多维度风格模板，支持对幽默指数、口语化程度进行梯度调节，确保宣传文案在30秒内产出高质量初稿，显著提升学生群体的阅读兴趣与互动意愿。

海报设计：根据用户输入的结构化指令(如“动感风格+动态光效+信息分层排版”)，通过文生图类AIGC工具自动生成高清海报。AIGC工具能提供潮流酷炫、文艺清新等多种视觉主题包，使宣传物料在3分钟内完成专业级设计，大幅增强视觉传达的冲击力与记忆点。

短视频展示：对接多模态内容数据库，基于AI剪辑算法自动匹配动态转场特效与音乐节奏点，将静态图文素材转化为30秒短视频。AIGC预设爆款模板与素材库，提供直接发布通道，有效提升社交媒体平台的传播与转化效率。

学生讨论

1. 请同学们结合自身的经验，讨论在传统的活动宣传方面，宣传产品制作人员需要具备的技术有哪些，技术的掌握情况怎么样，有什么困境和瓶颈？

2. 讨论将AIGC技术运用到宣传活动中，可以从哪些方面提高活动组织效率和宣传效果？

3. 分析AIGC技术在运用过程中，可能存在的问题是什么？

学习导图

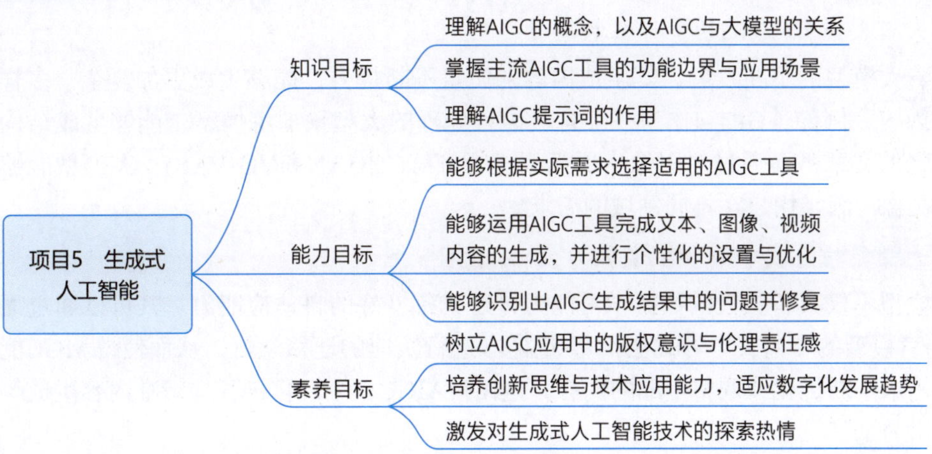

知识学习

5.1 AIGC的概念

AIGC(AI generated content，人工智能生成内容)是指利用人工智能技术自动生成文本、图像、音频、视频等内容，其核心在于通过深度学习模型(如GAN、Transformer、扩散模型)从大量数据中学习创作规律，实现高效、多样化的内容生产。

5.2 AIGC与大模型的关系

大模型是指那些拥有海量参数和训练数据的人工智能模型，通常采用深度神经网络架构，并且可以在处理复杂任务时展现出更高的准确性和更强的生成能力。当前，大模型的应用范围涵盖自然语言处理、计算机视觉、语音识别等领域，GPT-4、BERT、DALL·E等都是著名的大模型。

大模型通常使用大量的标注数据进行训练，通过不断优化权重和参数，最终形成对各种任务的强大预测与生成能力。大模型的优势在于其具备通用性和高效性，可以通过微调满足不同的任务需求。

AIGC与大模型之间有着密切的联系，具体表现在以下几个方面。

1. 大模型是AIGC的核心技术支撑

AIGC的生成能力离不开大模型的强大支持，特别是在自然语言生成(如GPT系列模型)、图像生成(如DALL·E、Stable Diffusion)、音频生成等方面，大模型通过学习大量的历史数据，能生成逼真的、富有创意的内容。简言之，大模型为AIGC提供了智力基础，推动了内容生成技术的突破。

2. 大模型提升AIGC的多样性和质量

随着大模型的不断发展，其生成内容的质量不断提升，能够生成更加复杂、多样且符合逻辑的内容。例如，GPT-4作为一个自然语言处理的大型预训练模型，能够生成结构完整、语言流畅的文章；而通过对图像生成模型进行训练(如GAN和VQ-VAE)，大模型能够生成高质量的图像，满足用户在不同领域的需求。

3. 大模型的自我学习和生成能力优化AIGC

大模型不仅具备强大的数据学习能力，还具备良好的自适应能力。其可以通过无监督学习(如语言模型的自监督学习方法)和少量样本进行快速的迁移学习，从而使得AIGC能够根据用户的需求不断优化和调整生成的内容。这使得AIGC在个性化推荐、精准内容生成等领域具有巨大潜力。

注意： 大模型并非AIGC唯一路径，如传统GAN模型仍广泛用于图像生成。

5.3 常见的AIGC应用场景

AIGC作为一种先进的技术，已经广泛应用于多个领域，帮助提升工作效率、创新内容生成和优化用户体验。以下是常见的AIGC应用场景。

1. 文本生成与写作辅助

AIGC在文本生成方面的应用非常广泛，尤其在新闻报道、博客文章、产品描述等场景。AIGC不仅能够生成符合语法规范的文本，还能根据不同的风格和语气进行个性化调整，为用户提供定制化的内容。

在多媒体领域，内容创作者可以通过AIGC生成初步的文章框架，甚至是完整的段落，从而节省大量的时间和精力。在商业领域，AIGC能够快速生成网站内容或广告文案，提高内容创作的效率和质量。

2. 图像生成与编辑

AIGC能够基于简单的文字描述生成精细的图像，减少人工设计的成本和时间。同时，利用生成对抗网络和深度学习技术，用户还可以通过设置不同的参数对图像进行个性化调整，确保生成的内容满足需求。

在广告设计、品牌营销、游戏开发等领域，设计师可以使用AIGC生成创意图像、海报，进行游戏角色设计等。

3. 语音合成与对话生成

通过大量的语音数据训练，AIGC可以生成高度真实、流畅的语音。AIGC在语音合成和对话生成领域有着广泛的应用，利用深度学习中的序列到序列(Seq2Seq)模型和变换器(Transformer)模型生成自然、流畅的语音或对话，提升人机交互的效率，还能在客服、医疗、教育等行业中为用户提供个性化服务。

语音助手(如Siri、Alexa)和客服机器人都使用AIGC技术生成自然语言的对话和回应。这些系统不仅能够理解用户的指令，还能够生成多种语言、不同语气的回复，增强用户体验。

4. 视频制作与剪辑

AIGC技术能够根据用户输入的简短文本或指令，自动生成完整的视频内容。通过自然语言处理与图像生成模型，用户可以生成包括场景、人物、配乐等要素的视频。在剪辑方面，AIGC技术能自动识别视频中的关键时刻并进行剪辑，还能够进行视频修复、降噪、色彩优化等后期处理，使低质量的视频变得更加清晰和专业。例如，在广告制作中，AIGC可以根据要求生成定制化的视频广告，减少人工制作的时间和成本，提供更高效的视频创作方式。对体育赛事、新闻报道等实时性较强的视频内容，可以通过AIGC技术自动生成精彩镜头集锦。

5. 个性化推荐与内容定制

AIGC能够利用大数据分析和机器学习技术实时分析大量用户行为数据，并生成个性化的推荐内容，极大地提高了信息流的精准度，提升了用户互动质量和平台的商业效益。

在电子商务平台(如淘宝、亚马逊)中，AIGC通过分析用户的购买历史、搜索记录等数据，生成个性化的商品推荐；在流媒体平台(如Netflix、YouTube)中，AIGC根据用户观看历史推荐影视内容。

6. 教育与学习辅助

AIGC能够实时根据学生的学习数据和进度生成个性化的学习内容，为不同层次的学生提供个性化的学习资源。

在在线教育平台中，AIGC可以为学生生成学习报告，进行进度追踪，并根据学习情况推荐相关的学习内容，帮助学生更好地掌握知识，提升学习效率。

AIGC技术正通过其强大的内容生成能力，帮助各行业提升效率、创新服务和优化用户体验。无论是文本、图像、语音还是视频的生成，AIGC都在为未来的数字化、智能化社会创造无限可能。

5.4　常用的 AIGC 大模型工具

常用的AIGC大模型工具如表5-1所示。文心一言善于文案生成与长文本优化；讯飞星火专注语音合成与课件配音；通义千问专擅提供数据驱动的文案与模板；智谱清言专注学术润色与论文优化；豆包长于结合热点生成短文案；WPS AI精于优化文档和PPT文案；Kimi则擅长处理文件、数据分析与长文本，强调安全性与准确性。大部分工具提供免费基础服务。

表 5-1　常用的 AIGC 大模型工具

场景	工具名称	核心功能	适用场景	费用	其他说明
文本生成	文心一言	多轮对话、文案创作、知识问答	营销文案、客服助手、教育培训	免费基础版+企业定制	中文理解力强，集成百度搜索数据
	讯飞星火	长文本生成、多语言互译	会议纪要、合同起草、跨境沟通	个人版免费	支持语音交互，内置法律合规检查
图像生成	文心一格	国风、写实、二次元风格生成	电商配图、文创设计、社交媒体	有免费额度	提供AI绘画社区，支持中文提示词优化
	通义万相	多模态图像生成、智能修图	广告创意、产品包装设计	免费试用+按量计费	阿里云生态集成，支持API调用
视频生成	剪映AI	智能剪辑、文字转视频、自动字幕	短视频创作、Vlog制作	免费基础功能	移动端深度优化，内置抖音热门模板
	腾讯智影	数字人播报、AI配音、素材智能匹配	新闻播报、企业宣传片	按数字人等级收费(199~999元/月)	支持企业专属数字人定制
音频生成	火山语音	语音合成、声音克隆、情感化播读	有声书、课程录制、智能客服	免费试用+按字符计费	提供100+发音人，支持方言合成
	讯飞语音合成	高拟真播音、多语种转换	视频配音、电话机器人	免费版+商用授权	获得国家语音实验室认证
代码开发	通义灵码(阿里云)	代码补全、智能纠错、注释生成	Java、Python开发运维	免费基础版+企业版(需要询价)	支持VSCode、IDEA插件
	Comate(百度)	代码生成、单元测试、文档自动化	全栈开发、DevOps	个人开发者免费	集成文心大模型，中文注释理解优化
综合平台	WPS AI	智能文档、PPT自动美化、表格分析	办公自动化、数据分析	会员30元/月(含WPS全家桶)	本地化模板库，符合国内文档格式规范
	稿定设计AI	海报智能生成、营销长图设计	电商详情页、新媒体运营	基础版免费	内置版权字体库，支持直接导出到抖店

5.5 AIGC大模型的提示词

1. AIGC提示词介绍

AIGC提示词是与AIGC交互时，用户输入的文本信息或指令。它们是驱动AIGC生成内容的关键因素，作用是向AI系统提供“指引”或“起点”，帮助其理解用户的需求，从而生成所需的文本、图像、音频或其他类型的内容。

提示词的质量直接影响生成结果的准确性、创意性和相关性。简单来说，AIGC提示词就是启动人工智能创作的“钥匙”，指引AI系统在特定方向生成内容。

2. AIGC提示词的作用

提示词为AIGC系统提供了生成内容的方向。例如，在文本生成中，提示词会告诉AI生成文章的主题、风格、字数等，从而让生成的内容符合用户的需求。在图像、视频生成中，提示词则指定了图像和视频的场景、颜色、风格等特征。

3. AIGC提示词的分类

AIGC提示词可以按照不同的方式进行分类。以下是几种常见的提示词分类方法。

(1) 简短提示词与详细提示词。

简短提示词： 通常是简洁的关键词或短语，指明生成内容的主要方向。例如，“夏日海滩风景”或“科技公司宣传语”。

详细提示词： 通常会包括更多的细节，如要求的风格、颜色、语气等。例如，“创意十足的夏日海滩风景，阳光明媚，有海浪和沙滩，色调偏温暖”，这样的提示词适合制作旅游广告。

(2) 命令式提示词与问题式提示词。

命令式提示词： 直接给AIGC系统一个指令，要求其生成指定类型的内容。例如，“生成一篇关于人工智能在教育领域应用的文章”。

问题式提示词： 通过提出问题来引导AIGC生成内容。例如，“什么是AIGC，它如何改变传统内容创作的方式”这种方式常用于提问或求解任务。

(3) 创意性提示词与实际应用提示词。

创意性提示词： 创意性提示词用于引导创意内容的生成，如广告创意、艺术作品、故事情节等。例如，“撰写一个关于未来世界的短篇科幻小说”。

实际应用提示词： 实际应用提示词通常用于实际应用场景，如生成商业报告、技术文档或产品描述。例如，“生成一份关于新产品的市场推广报告”。

4. AIGC提示词的优化

提示词的优化是提升生成结果质量的关键。以下是一些常见的优化技巧。

(1) 明确目标。编写提示词时，首先要清楚自己想生成什么内容。明确的目标可以帮助AIGC理解生成任务，并减少无关内容。

(2) 细化描述。细化提示词中的描述可以帮助AIGC系统更准确地把握细节。例如，描述图像时，可以加入背景、主题、颜色、人物等多个细节，这样生成的图像更符合预期。

(3) 避免模糊表达。提示词中的模糊或含糊表达可能导致生成结果偏离预期。例如，“生成一篇文章”是一个过于宽泛的指令，可能会导致AIGC生成非常基础的内容。相反，“生成一篇500字的关于AIGC与大模型关系的文章”就明确了生成内容的重点和范围。

5. 关键词与语法结构

提示词中可以使用特定的关键词来指定内容的结构，如“列出三点关于AIGC的优势”或“按时间顺序叙述人工智能的发展历程”。同时，合理的语法结构也可以帮助AI系统更好地理解任务，提升生成质量。

AIGC提示词作为与人工智能交互的核心要素，其质量直接影响生成内容的准确性和创意性。通过精心设计和优化提示词，用户可以更有效地引导AIGC系统生成符合需求的内容。在教学中，理解和掌握如何编写高效的AIGC提示词，不仅能提升学生在AI应用领域的实践能力，还能帮助他们更好地适应未来智能化的工作环境。

实训任务

任务 1　生成音乐节预告文案

学校举办音乐节，需要制作一份音乐节预告文案，要求内容幽默，能够吸引学生参与。

(1) 打开并登录DeepSeek网页版(https://chat.deepseek.com/)，进入DeepSeek的交互页面，如图5-1所示。

图 5-1　DeepSeek 的交互页面

(2) 在文本框中输入以下提示词。

> 为校园音乐节写一段 200 字的宣传文案，面向大学生，要求内容幽默，突出音乐、狂欢和青春主题。

(3) DeepSeek根据提示词进行思考，并生成文案，如图5-2所示。AI模型的工作原理导致输入同样的提示词，每次的输出结果会有不同。

2025校园音乐节：青春当燃，音浪炸场

若你厌倦了早八的困倦与期末的焦虑，10月20日晚18:30南操场将为你点燃一场释放能量的狂欢。摇滚乐队将以炸裂的演出唤醒感官，古筝与DJ的跨界碰撞颠覆传统想象，校长将亲自登台献唱经典曲目（温馨提示：控制笑声，避免意外）。现场灯光将复刻顶级舞台特效，音响音量足以撼动教学楼，参与互动更有机会赢得免早操券或食堂优先打饭特权。

舞台特设弹性地板供你肆意舞动，发光面具为社恐人群提供安全感，减压枕头大战专治内卷疲惫。请务必穿稳鞋子、提前清理手机存储，并做好嗓子"超负荷"准备——今夜呐喊自由，规则暂缓。

青春从不该被沉默定义，2025年10月20日晚，南操场等待每一个渴望沸腾的灵魂。不嗨到极限，绝不散场！

（核心信息：时间/地点/演出形式/互动奖励/注意事项，以连贯叙述替代分项排版，保留"当燃"谐音与热血基调。）

图 5-2　DeepSeek 生成的文案

(4) 继续与DeepSeek对话，从内容、形式方面优化生成的结果，在DeepSeek文本框中输入以下提示词。

> 在文案中添加 emoji 符号，并突出亮点，直接吸引学生的眼球。

(5) DeepSeek优化后，生成新的文案内容，如图5-3所示。

🎸【2025校园音乐节：青春当燃·音浪炸场】🔥

📢**早八困到灵魂出窍？期末焦虑疯狂掉发？**
👉**10.20晚18:30 南操场**，青春燃料已加满——**踩油门，炸翻emo！**

💥**高能预警**💥
✅ **舞台核爆**：摇滚怒音掀天灵盖 | 古筝DJ在线发电⚡ | 神秘嘉宾高能空降（慎笑，偶像包袱别带！）
✅ **物理外挂**：灯光偷了迪厅特效 | 音响音量≈体测时全班嚎你名字📢 | 踩节奏抽**免早八券/食堂抖勺特权**！
✅ **野生蹦迪**：地板弹簧已就位 | 发光脸基尼拯救社恐 | 枕头大战专治"卷王内伤"！

⚠️**生存法则**⚠️
👟鞋带打死结（踩飞算工伤）|
📱手机清内存（拍现场神图稳赢朋友圈）|
🗣️嗓子请投保（今夜尖叫自由，宿管装瞎版👀）

青春不是待机，是原地核爆！
🎵**10.20晚，南操场——不嗨到断电，不准撤退！**

图 5-3　DeepSeek 优化后的文案

与第一次生成的内容进行对比，可以发现优化后的文案内容更丰富，关键信息更突出。

任务 2　设计包含荧光棒元素的主视觉图

为了宣传学校举办的音乐节，需要制作一份包含荧光棒元素的主视觉图用于音乐节海报。

(1) 打开并登录豆包网页版(https://www.doubao.com/)，选择“图像生成”，进入图像生成页面，如图5-4所示。

图 5-4　豆包的图像生成页面

(2) 在文本框中输入以下提示词。

> 学校准备在10月20号18:30在南操场举办音乐节，主题为“青春当燃 音浪炸场”，请制作一份包含荧光棒元素的主视觉图，用于音乐节海报。

(3) 豆包会生成4张海报图片，如图5-5所示，可以选择自己比较喜欢的。

图 5-5　海报图片

任务3　合成30秒的预热视频

为学校音乐节准备一段30秒的开场预热视频，包含文字跳动和音乐卡点效果。

(1) 打开剪映网页版(https://www.capcut.cn/)，下载专业版到本地，剪映首页如图5-6所示。

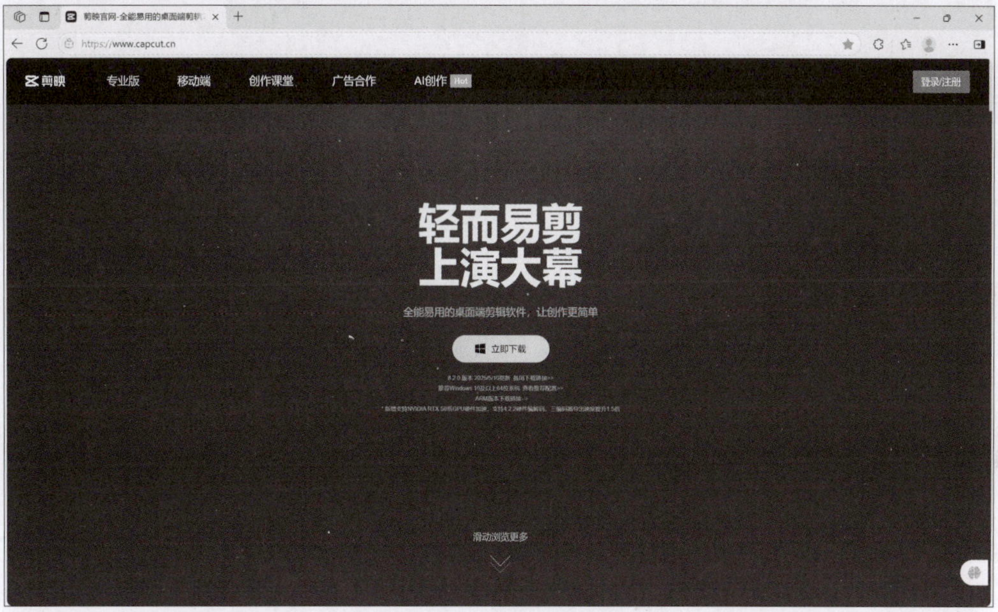

图5-6　剪映首页

(2) 打开本地的剪映应用，如图5-7所示，单击“图文成片”，开始创作视频。

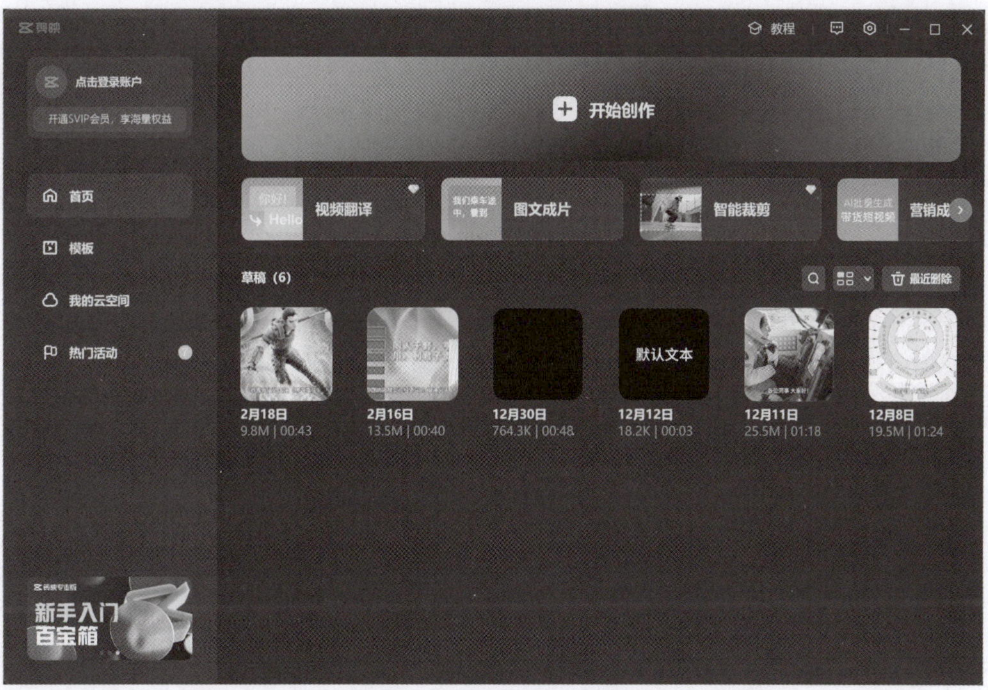

图5-7　选择“图文成片”

(3) 进入视频制作页面，然后单击左侧栏的“自由编辑文案”按钮，如图5-8所示。

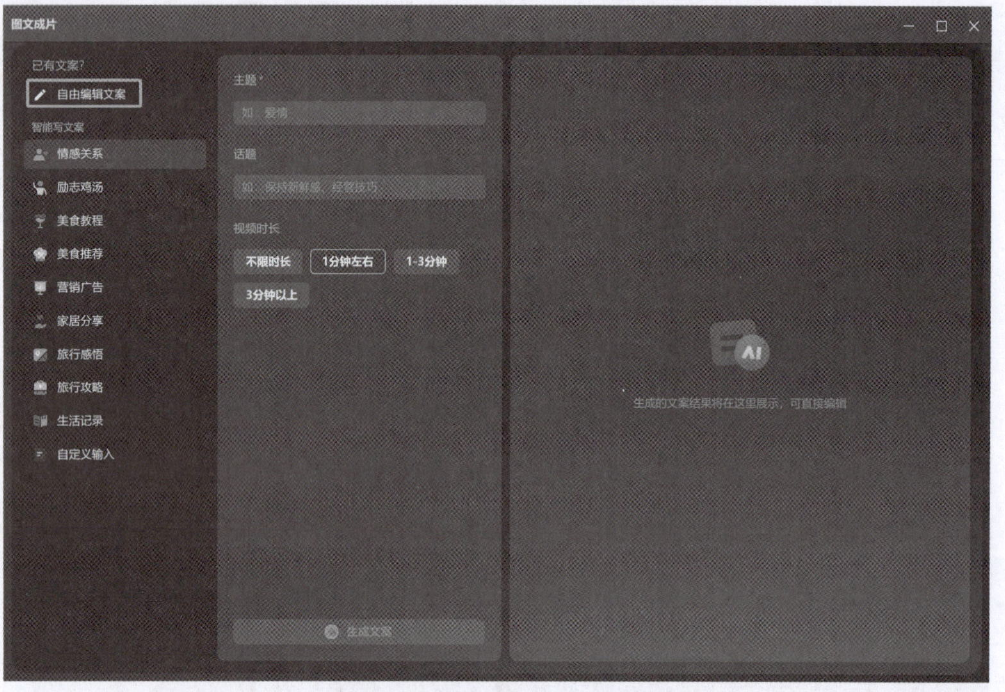

图 5-8 选择“自由编辑文案”

(4) 在“文案编辑”页面，把图5-2所示文案内容粘贴进去，如图5-9所示。

说明：可以根据视频的时长要求精简文案内容。文案内容越长，视频时长越长。

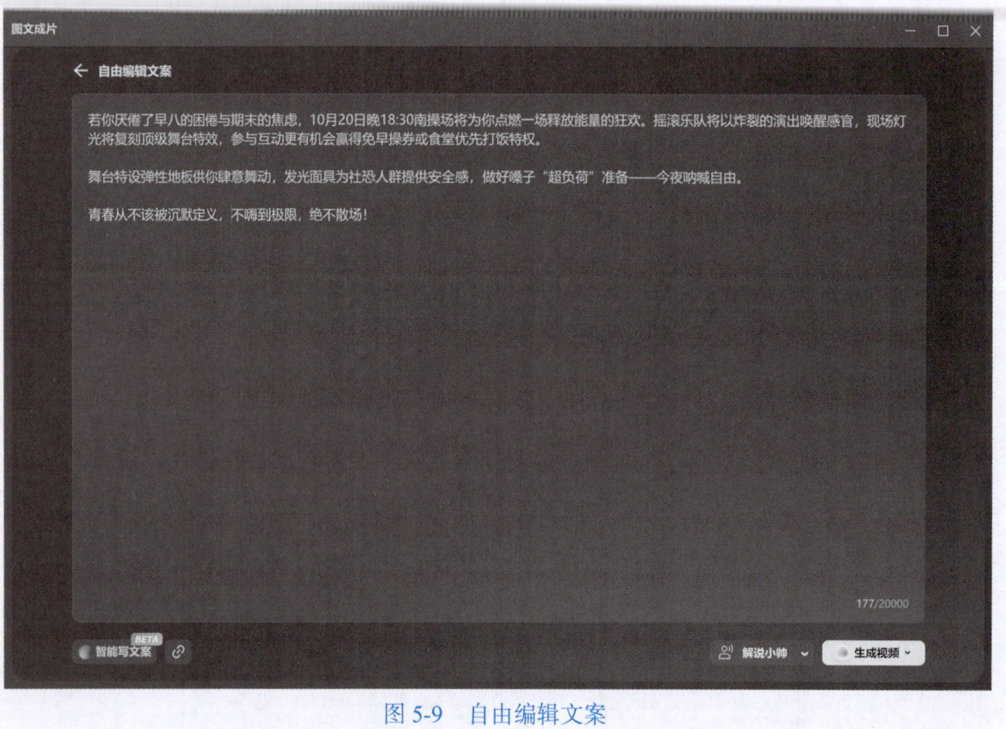

图 5-9 自由编辑文案

(5) 为了让视频更有吸引力，可以选择声音风格，带“钻石”标记的功能需要付费使用，这里选择“广告男声”，如图5-10所示。

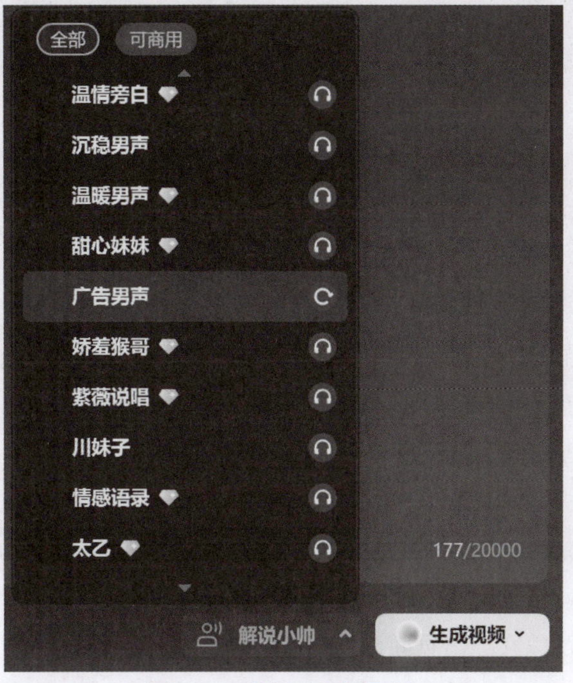

图 5-10　选择“广告男声”

(6) 给微视频添加素材。单击“生成视频”，在弹出的选项中选择“智能匹配素材”，等待视频生成，如图5-11所示。

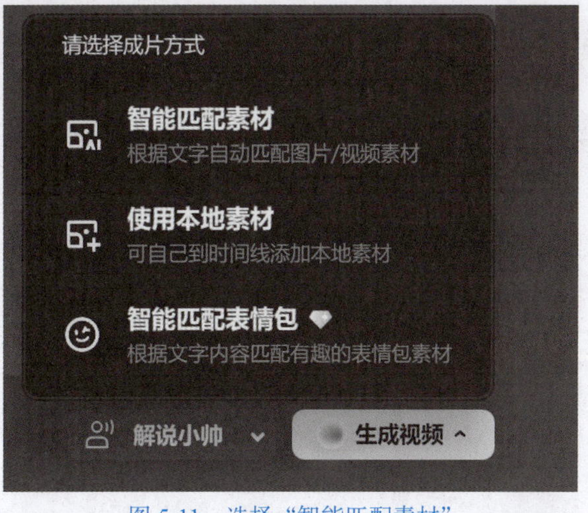

图 5-11　选择“智能匹配素材”

(7) 视频生成之后，可以进行剪辑，也可以单击右上角“导出”按钮，把视频导出到本地计算机，如图5-12所示。

图 5-12　视频导出

(8) 视频导出时，可以在导出页面设置相应的参数，这里保持默认，如图5-13所示。

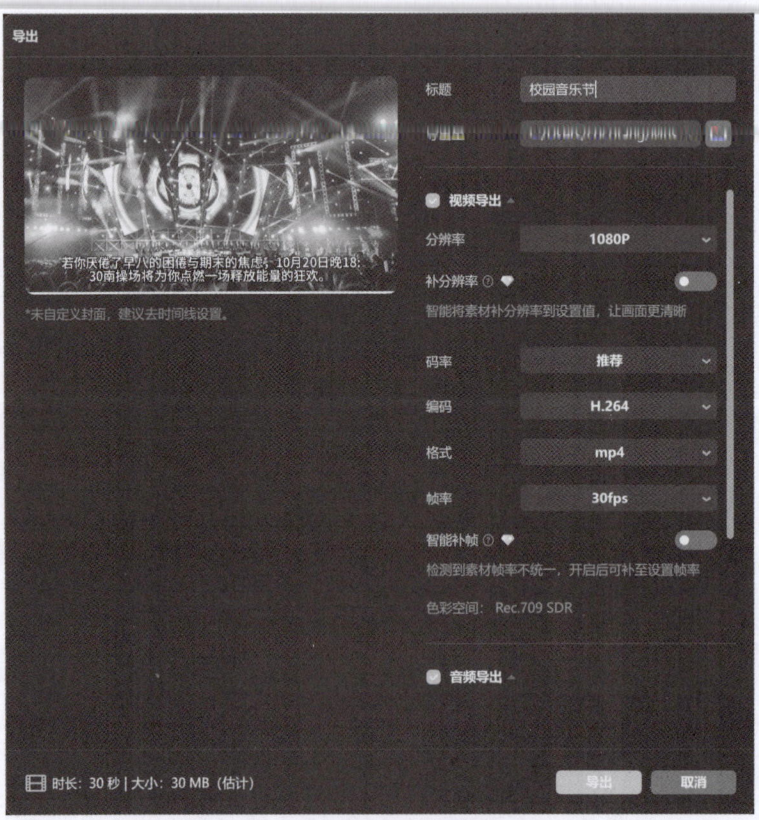

图 5-13　视频导出参数设置

(9) 导出到本地的视频可以直接播放，如图5-14所示。

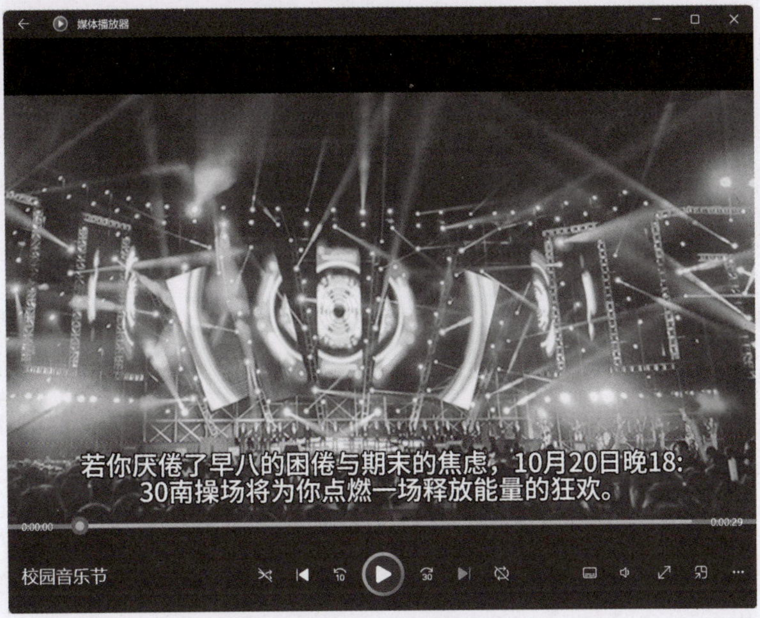

图 5-14　本地视频播放

拓展知识

1. 数字营销顾问需要的核心能力。

(1) 技术工具应用能力。

AI工具精通：熟练使用生成式工具(如Midjourney图像生成、ChatGPT文案优化、Runway视频剪辑)和数据分析平台(如Tableau、钛镁AI洞察系统)。

Prompt工程：精准设计提示词引导AI生成高质量创意，须理解不同模型(如GPT-4、Stable Diffusion)的特性与参数调整逻辑。

多模态整合：融合文本、图像、音频、视频生成技术，实现跨媒介创意统一性(如用Sora生成短视频广告)。

(2) 数据驱动决策能力。

用户行为分析：通过AI挖掘社交媒体、电商评论等数据，识别用户隐性需求(如可口可乐通过口感偏好分析设计新品)。

效果实时优化：掌握A/B测试、点击率(CTR)、转化率(CVR)等指标，利用Meta Advantage+、阿里妈妈万相台等工具动态调整投放策略。

预测建模：基于历史数据预测广告效果，指导预算分配(如时间序列分析预测节日营销峰值)。

(3) 创意与策略能力。

品牌叙事构建：将AI生成内容融入品牌故事，确保情感共鸣(如哈珀·柯林斯出版社的“书精灵”虚拟客服增强用户互动)。

差异化定位：利用AI分析竞品策略，提炼独特卖点(如宝马用GAN生成概念车广告片突出科技感)。

文化敏感度：适应本地化营销，调整创意，与区域文化相契合(如快消品牌龙年主题活动融入传统元素)。

2. 数字营销顾问职业发展路径。

(1) 纵向进阶路径。

表5-2列出了初、中、高级阶段的角色定位。

表 5-2 初、中、高级阶段的角色定位

阶段	角色定位	核心任务	能力要求
初级	AI广告设计师	素材生成、基础提示词编写、数据清洗	工具操作、基础设计软件(PS、AI)运用、文案优化
中级	AI美术指导、策略顾问	创意方向把控、多模态内容策展、投放策略制定	品牌调性管理、数据解读、跨团队协作
高级	创意总监、品牌顾问	品牌战略规划、AI工作流设计、伦理风险评估	行业洞察、商业谈判、技术架构理解

(2) 横向拓展方向。

- 技术侧：转型Prompt工程师，专注提示词库开发与模型微调。
- 创业侧：成立AI创意工作室，为中小企业提供低成本广告解决方案(如本地化短视频生成)。
- 平台侧：加入AI工具开发公司(如钛镁AI、妙思平台)，参与产品优化与客户培训。

作业与测评

1. 某公司新推出一款智能家居产品——智能灯泡，具有调节亮度、色温的功能，并且支持语音控制。现在要制作广告进行宣传，目标客户是科技爱好者和智能家居用户。

要求：

- 使用AIGC生成广告文案，要突出产品的智能功能、便捷控制和节能特性。
- 使用AIGC生成海报，要突出智能灯泡的现代感、科技感，吸引年轻人群体。
- 使用AIGC生成短视频，要结合家庭场景展示智能灯泡的功能，展现其便捷性与科技感。

2. 一家新兴品牌的护肤品要在社交媒体做产品推广。品牌坚持环保理念，目标客户群体是年轻女性，产品主打天然成分。

要求：

- 使用AIGC生成广告文案，要体现产品的天然成分和品牌的环保理念，同时要有吸引力和感染力。
- 使用AIGC生成海报，要突出品牌理念和产品特色。
- 使用AIGC生成适合在主流社交媒体发布的短视频，要在自然的背景下体现动态效果。

3. 结合AIGC技术的特点，思考它如何改变当前内容创作的工作模式，请举例说明。

第 II 篇

AIGC实践

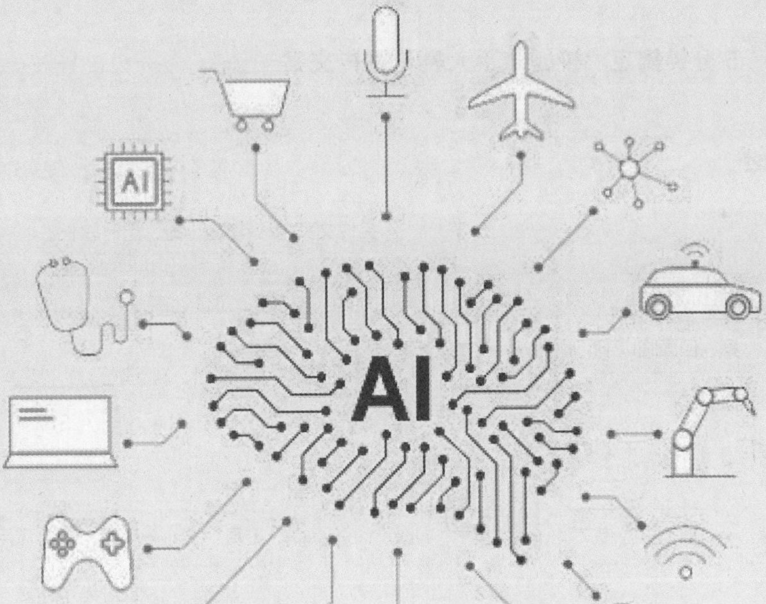

项目 6 文本生成实践

案例导学 5 分钟搞定“校园歌手大赛”宣传文案

场景描述

社团成员为“校园歌手大赛”制作300字的宣传文案，但面临以下问题

- 完成文案草稿花费1小时，用时较长
- 文案内容生硬，可读性不强
- 文案风格特点不突出，缺乏吸引力

解决思维

问题：NLP、DL等 → 数据：宣传文案 → 技术：NLP、DL等 → 工具：文心一言等 → 应用：制作文案

解决方案

校园歌手大赛宣传方案

- 自动生成文本内容
- 优化文本内容，使文案更加生动、自然、具有吸引力
- 自动调整语言风格、词汇选择和文案结构，更符合受众群体的特点
- 进行多语言支持与文化适应，覆盖不同语言和文化背景的用户

文本自动生成：利用AIGC中的自然语言生成技术，根据用户提供的关键词、主题或需求，自动生成高质量的文本内容。这大幅减少了文案创作者的工作量，帮助创作者在更短的时间内完成任务，同时确保生成的内容符合基本要求，避免拼写和语法错误。

文案优化:通过分析已有文案内容，采用AIGC技术中的情感分析与风格转化技术(如TTS、情感合成等)，快速识别文本的情感色彩和表达风格。结合自然语言生成技术，模型可自动调整文案的语气、情感和语言风格，确保内容生动、自然，吸引目标受众的注意力。例如，将原本生硬的描述转换为更加友好、激励的语句，提升宣传文案的感染力和吸引力。

个性化定制:为满足不同受众群体的需求，系统将根据用户的偏好与兴趣，生成具有个性化风格的宣传文案。通过对受众的分析，自动调整语言风格、词汇选择和文案结构，使文案不仅符合目标受众的阅读习惯，还能打动他们的情感，提升参与和互动意愿。例如，对于年轻群体，使用幽默、活泼的语言；对于专业群体，则使用更加正式、学术化的表达方式。

多语言支持与文化适应模块：针对不同语言和文化背景的用户，提供多语言支持功能。AIGC技术的语言生成功能可以生成不同语言的文案，并确保在不同文化背景下的传达效果。例如，在中文文案的基础上生成英文、日文或其他语言的对应版本，同时考虑文化差异，确保文案在不同文化背景下的传播效果。

学生讨论

1. 请同学们结合自身的经验，讨论在传统的人工撰写文本内容方面遇到的困境和瓶颈。
2. 讨论将AIGC技术运用到文本创作的过程中，可以从哪些方面提高文本内容的吸引力？
3. 分析AIGC未来在文本生成领域的发展趋势，以及可能带来的创新和挑战？

学习导图

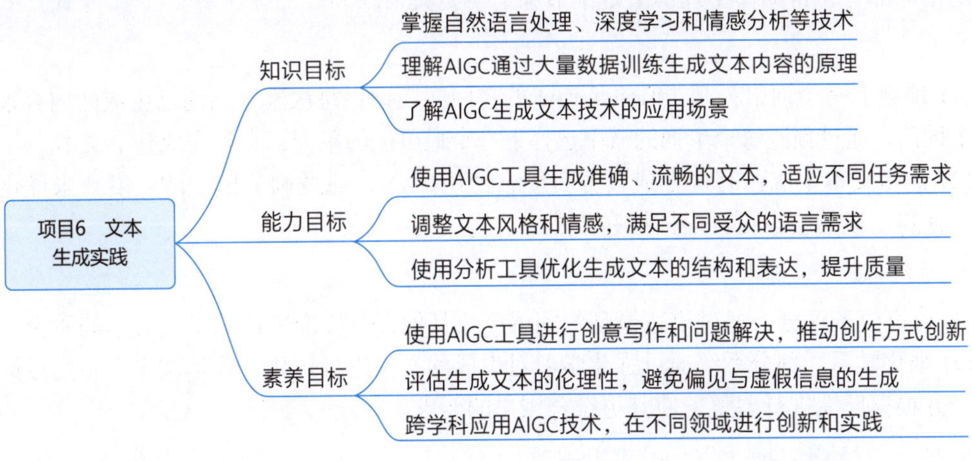

知识学习

6.1 基本原理与步骤

AIGC能够根据需求生成文采出色的文本，其核心原理基于深度学习和自然语言处理技术的结合，使模型能够理解上下文、模仿不同的写作风格、调控情感色彩，通过不断优化和调整，生成符合要求且富有创造性的内容。AIGC生成文本主要包括6个步骤，依次为输入信息并理解需求、上下文推理并分析、生成候选文本、评估与优化、风格与情感调控、文本输出(见图6-1)。

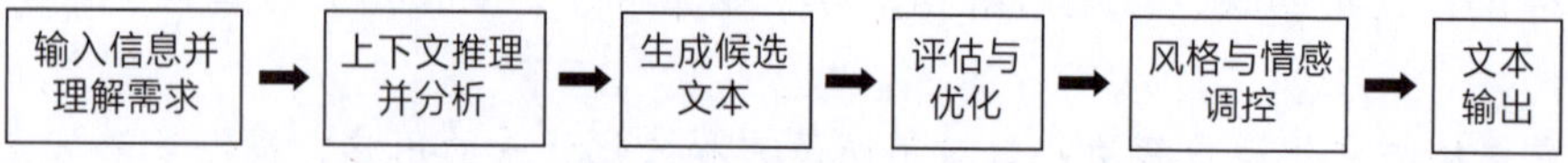

图 6-1 文本生成步骤

1. 输入信息并理解需求

(1) 转换输入文本：使用词嵌入技术(如Word2Vec、GloVe)，将用户输入的文本转换为计算机能够理解的向量空间表示。

(2) 信息抽取：通过句法分析工具(如依存句法分析)解析输入的句子结构，从输入中抽取关键的信息，如任务目标、主题、风格要求、情感基调等。

2. 上下文推理并分析

(1) 理解上下文：在Transformer模型中，使用自注意力机制捕捉输入文本中各词语之间的关系，帮助理解当前文本在整个对话或场景中的意义。

(2) 多方向分析文本：Transformer可以同时从左到右和从右到左分析文本，允许模型关注输入的不同部分，帮助模型理解关键细节和上下文关系。

3. 生成候选文本

(1) 预测下一个词语：基于Transformer的自回归模型，每次基于当前已生成的内容来预测下一个词语，通过预测每个单词的概率选择下一个最可能的单词，直到完成整个文本。

(2) 优化文本生成：有些生成任务可能会使用GAN，通过调节模型的温度，来优化文本生成，使得生成的文本更具多样性和自然感。

4. 评估与优化

(1) 语言模型评分：通过语言模型的困惑度或其他评分标准来评估生成文本的质量。

(2) 强化学习：部分系统通过强化学习对生成的文本进行优化，评估文本在特定目标下的效果，并根据反馈进行调整，使其更符合用户的要求。

5. 风格与情感调控

(1) 文本情感色彩：对输入文本进行情感分析，确定文本的情感基调(如积极、消极、中性等)，将情感信息嵌入模型的隐层表示中，通过调整模型的隐状态来控制生成文本的情感色彩。

(2) 文本风格迁移：采用大量具有不同风格的文本进行训练，模型能够识别并生成特定风格的语言，然后将其迁移到所生成的文本中。

6. 文本输出

(1) 优化生成的文本：对生成的文本进行润色，去除语法错误、调整句子结构，使文本更加流畅和自然。

(2) 约束文本规则：某些情况下，生成过程可以结合预定义的规则或模板，确保输出的文本符合特定标准。

6.2 核心技术

1. 自然语言处理

自然语言处理是使机器能够理解、生成和操作人类语言的技术。它涉及许多任务，如分词、句法解析、情感分析、机器翻译、文本生成等。自然语言处理技术通常基于深度学习模型，尤其是基于Transformer架构的模型，例如BERT、GPT、T5等。

2. 深度学习

深度学习是AIGC的基础，它通过神经网络，特别是深度神经网络(DNN)，进行数据处理。在文本生成中，最常用的是基于Transformer模型的生成式模型。这些模型采用大量的文本数据进行训练，从而学习语言的结构、语法和常见模式。

3. 生成式模型

生成式模型基于概率推断，可以生成符合输入提示的自然语言文本。生成式模型的核心原理是基于上下文或某个提示词，模型会预测下一个最可能的词，逐步生成一段连贯的文本。

4. 预训练与微调

AIGC模型通常先进行预训练，即在大规模语料库上学习语言的通用知识，然后进行微调，使得模型在特定任务或数据集上表现更好。例如，DeepSeek-R1在大规模数据集上预训练，然后在特定领域或应用中进行微调。

5. 提示词

提示词是生成文本时的核心输入，它可以被视为对模型行为的引导。提示词通常是自然语言表达的指令，模型依据这些指令理解任务的目标并生成相应内容。提示词的设计决定了生成文本的风格、内容深度、结构等。例如，提示词可以是“写一篇关于气候变化的文章”，也可以是“生成一段富有创意的科幻小说开头”。

6. 检索增强生成(RAG)

RAG是一种结合了检索与生成的混合模型架构，广泛应用于问答系统和知识密集型文本生成任务。通过在生成前检索相关信息片段，RAG能够显著提升生成内容的准确性与上下文一致性。该技术先从大型知识库中提取相关文档，再由生成式模型融合这些信息进行文本生成，从而兼具生成式模型的语言能力与检索系统的知识覆盖能力。

6.3　应用场景

AIGC 在文本生成领域的应用正迅速拓展至多个行业，以下是主要的应用场景。

1. 内容创作与写作

自动化文章与报告撰写：AIGC技术可生成高质量的新闻报道、博客文章和商业报告，帮助媒体和企业节省时间与人力成本。

小说与剧本创作：AI能够根据设定的情节框架、角色和风格，自动生成小说章节或剧本，极大地提高作家的创作效率。

2. 广告与营销

个性化广告文案生成：基于用户行为数据和需求，AIGC可以自动生成个性化的广告文案，提升广告的精准投放效果。

社交媒体内容创作：AIGC能生成适合社交媒体平台的内容，如推文、帖子、短视频脚本等，帮助企业和个人维护社交媒体账户，提高曝光度和互动性。

3. 客服与用户支持

智能客服系统：AIGC技术被应用于在线客服，通过分析用户问题自动生成准确的回答，提升客户服务效率，减少人工客服负担。

FAQ与知识库自动化生成：AIGC可以根据常见问题生成FAQ和知识库文章，确保信息及时更新并且准确无误。

4. 教育与培训

自适应学习材料生成：AI可以根据学生的学习进度和兴趣，自动生成个性化的学习内容，包括练习题、教学视频和阅读材料。

自动化考试与测评：基于AI生成的题库，教师能够快速创建考试内容，并为学生提供即时反馈，优化教学效果。

5. 法律与合规

合同与文书自动生成：AIGC可以根据设定的模板自动生成合同、协议、法律文件等，确保文书格式符合标准，同时提高工作效率。

合规性检查与法律建议：AIGC能够帮助企业分析法律文本，检测合规性问题，提供简要的法律建议，减少法律风险。

6. 医疗健康

医学文献生成与总结：AIGC可以帮助医生和科研人员生成医学报告、病例分析和研究总结，提升临床研究的效率。

自动生成患者沟通与健康建议：通过分析患者的病历，AIGC能自动生成健康建议或解释医疗方案，提升患者的依从性。

7. 新闻与媒体

新闻自动生成与分发： AIGC技术能够根据实时数据和事件生成新闻稿件，实现快速的新闻报道和多平台分发。

个性化内容推荐与推送： AIGC能根据读者兴趣自动推荐和生成相关的新闻或文章，增强用户的阅读体验。

6.4 常用工具

AIGC生成文本的常用工具如表6-1所示。

表6-1 AIGC生成文本的常用工具

工具名称	核心功能	适用场景	费用	说明
文心一言	多模态文案生成、长文本优化	教材编写、营销策划	日常使用免费	中文语境优化，支持复杂逻辑结构生成
讯飞星火	语音合成、口语化文案生成	有声内容、课件配音	基础功能免费	多音色情感控制，适配教育场景
通义千问	多场景模板、数据驱动文案	活动策划、学术报告	新用户免费试用	提供行业垂直模板，支持结构化输出
智谱清言	学术风润色、逻辑增强	论文辅助、技术文档	每日有免费额度	适配科研场景，支持公式与术语规范
豆包	多模态短文案生成、热点结合	社交媒体、校园海报	完全免费	年轻化表达，支持emoji与网络热词
WPS AI	文档智能优化、PPT文案生成	办公文档、课件制作	WPS会员基础功能免费	可以直接嵌入Word或PPT，一键排版
Kimi	文件处理、数据分析、长文本处理、智能搜索与整合	创意创作、专业分析、娱乐互动	基础服务免费	强调安全性和准确性，用户界面简洁、友好

实训任务

任务1 使用文心一言制作“校园歌手大赛”宣传文案

学校文艺社团宣传“校园歌手大赛”活动，需要制作一份宣传文案，要求文案包含活动亮点、报名方式、奖品设置等内容，文案风格要求活泼、吸睛，不超过300字。

(1) 打开并登录文心一言网页版(https://yiyan.baidu.com/)，进入文心一言的交互页面，如图6-2所示。

图 6-2　文心一言的交互页面

(2) 在文本框中输入以下提示词。

> 我是大学文艺社团的一名宣传员，最近在宣传“校园歌手大赛”活动，请帮我撰写一份宣传文案。

(3) 文心一言根据提示词进行思考，并生成文案，如图6-3所示。

AI模型的工作原理导致输入同样的提示词，每次的输出结果会有不同。

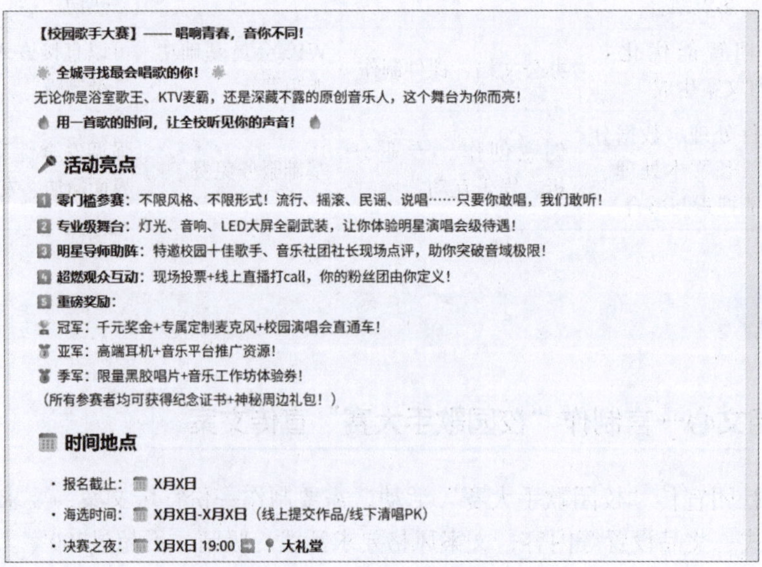

【校园歌手大赛】——唱响青春，音你不同！

全城寻找最会唱歌的你！

无论你是浴室歌王、KTV麦霸，还是深藏不露的原创音乐人，这个舞台为你而亮！

用一首歌的时间，让全校听见你的声音！

活动亮点

1 零门槛参赛：不限风格、不限形式！流行、摇滚、民谣、说唱……只要你敢唱，我们敢听！

2 专业级舞台：灯光、音响、LED大屏全副武装，让你体验明星演唱会级待遇！

3 明星导师助阵：特邀校园十佳歌手、音乐社团社长现场点评，助你突破音域极限！

4 超燃观众互动：现场投票+线上直播打call，你的粉丝团由你定义！

5 重磅奖励：

冠军：千元奖金+专属定制麦克风+校园演唱会直通车！

亚军：高端耳机+音乐平台推广资源！

季军：限量黑胶唱片+音乐工作坊体验券！

（所有参赛者均可获得纪念证书+神秘周边礼包！）

时间地点

- 报名截止：X月X日
- 海选时间：X月X日-X月X日（线上提交作品/线下清唱PK）
- 决赛之夜：X月X日 19:00　大礼堂

图 6-3　文心一言生成的文本

报名方式

线上通道：关注【XX大学学生会】公众号，回复“歌手大赛”填写报名表，上传30秒清唱片段！
线下摆摊：食堂广场 每日12:00-18:00，现场填表+即兴演唱，敢唱就送定制应援手环！

为什么参加?

告别社恐！站在聚光灯下，你就是全场焦点！
结识同好！和乐队伙伴组队，开启校园音乐副本！
留存青春！决赛全程录像，你的高光时刻将被永久珍藏！

特别彩蛋
转发本条推送至朋友圈，集满30赞可兑换决赛VIP席位！
（前50名报名者额外解锁“神秘导师一对一指导”机会！）

报名倒计时！
青春不设限，舞台无边界！
这个夏天，让你的声音点燃校园！

扫码进群，获取最新赛况 & 音乐福利
[二维码占位图]

主办方：XX大学学生会 × 音乐爱好者协会
协办方：XX音乐平台 | XX录音棚

音乐不死，热爱不止！我们决赛见！

图 6-3 （续）

(4) 继续与文心一言对话，对结果进行内容、风格和字数方面的优化，在文心一言文本框中输入以下提示词：

> 对文案的内容进行优化，要求：风格活泼、关键词吸睛、字数不超过 300 字。

(5) 文心一言对原文本进行优化，生成新的文案内容，如图6-4所示。
与第一次生成的内容进行对比，可以发现这次的内容更精简，关键信息更突出。

校园歌手大赛 | 燃爆青春，C位等你！

全城通缉麦霸！
浴室歌王？KTV灵魂歌手？原创音乐人？
站上舞台，让全校为你打call！

3大必杀技
零门槛开麦：流行/摇滚/民谣/说唱……管你啥风格，唱就完事！
明星导师天团：十佳歌手、乐队大佬现场带飞，助你秒变Vocal担当！
冠军大奖：千元奖金+定制麦克风+校园演唱会直通车！
（亚军、季军也有高端耳机、黑胶唱片等壕礼！）

速速行动
报名截止：X月X日！
线上报名：公众号回“歌手大赛”，30秒清唱视频砸过来！
线下摆摊：食堂广场，填表即唱，敢唱就送应援手环！

为什么参赛?
告别社恐！聚光灯下，你就是最靓的崽！
结识同好！组队玩音乐，解锁校园隐藏副本！
决赛高光时刻全网直播，你的名字将被永久封神！

彩蛋预警
转发集30赞，决赛VIP席位到手！
（前50名报名者解锁“神秘导师1v1指导”！）

报名倒计时！
青春不唱浪费，舞台等你炸场！
扫码进群，抢C位！
[二维码占位图]

主办方：XX大学学生会 × 音乐社
协办方：XX音乐平台

音乐一响，热血开场！我们决赛见！

图 6-4　文心一言第一轮优化后的文案

(6) 继续与文心一言进行对话，对具体数据和细节进行说明，使其更符合活动要求，如图6-5所示。可以输入以下提示词，提示词中的【 】用来让AI更好地区分内容；提示词中写明“其他内容保持不变”，避免AI按照它的生成原理再次生成内容。

> 请按照以下要求修改奖品设置和报名方式的相关内容，其他内容保持不变。
> 要求：【奖品设置
> 冠军：1000 元梦想基金 + 定制麦克风 + 校庆演唱会直通卡
> 亚军：蓝牙耳机 + 专属录音棚体验券
> 季军：音乐节门票 + 社团周边大礼包
> 特别奖“人气王”：全楼栋 LED 表白墙 + 奶茶自由周！】
> 【报名方式：
> ①扫码填表→②录 30 秒清唱视频→③等待人气投票
> （截至 5 月 30 日！食堂 / 宿舍楼下均设报名点）
> 人气 TOP10 选手直接晋级决赛，躺赢不是梦！】

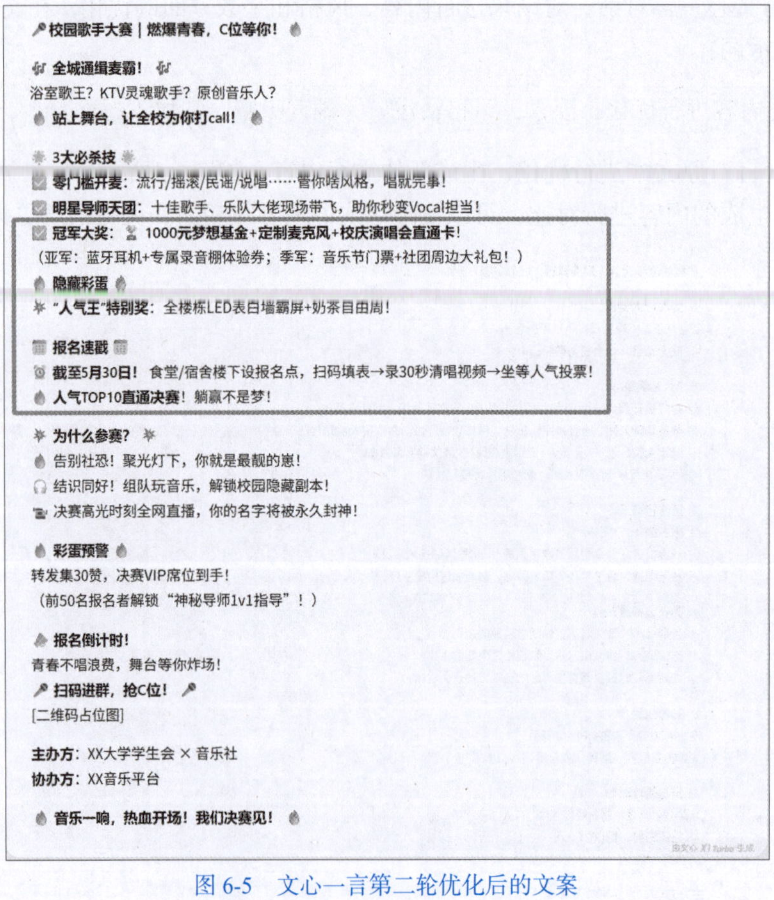
校园歌手大赛 | 燃爆青春，C位等你！

全城通缉麦霸！
浴室歌王？KTV灵魂歌手？原创音乐人？
站上舞台，让全校为你打call！

3大必杀技
零门槛开麦：流行/摇滚/民谣/说唱……管你啥风格，唱就完事！
明星导师天团：十佳歌手、乐队大佬现场带飞，助你秒变Vocal担当！
冠军大奖：1000元梦想基金+定制麦克风+校庆演唱会直通卡！
（亚军：蓝牙耳机+专属录音棚体验券；季军：音乐节门票+社团周边大礼包！）
隐藏彩蛋
“人气王”特别奖：全楼栋LED表白墙霸屏+奶茶自由周！

报名速戳
截至5月30日！ 食堂/宿舍楼下设报名点，扫码填表→录30秒清唱视频→坐等人气投票！
人气TOP10直通决赛！躺赢不是梦！

为什么参赛？
告别社恐！聚光灯下，你就是最靓的崽！
结识同好！组队玩音乐，解锁校园隐藏副本！
决赛高光时刻全网直播，你的名字将被永久封神！

彩蛋预警
转发集30赞，决赛VIP席位到手！
（前50名报名者解锁“神秘导师1v1指导”！）

报名倒计时！
青春不唱浪费，舞台等你炸场！
扫码进群，抢C位！
[二维码占位图]

主办方：XX大学学生会 × 音乐社
协办方：XX音乐平台

音乐一响，热血开场！我们决赛见！

图 6-5　文心一言第二轮优化后的文案

与第二次生成的内容对比，可以发现这次的内容添加了活动的奖品设置和报名方式，更贴合实际的活动需求。

确认效果满意后，可以复制内容到本地的编辑工具中，如WPS或Word。

(7) 可以将最终生成的文案转换成其他语言，满足不同群体的阅读需求。这里以转换为英语为例，可输入以下提示词。

> 请将以上内容翻译成英语，保持格式不变，只翻译文字。

(8) 文心一言生成英文版文案，如图6-6所示。

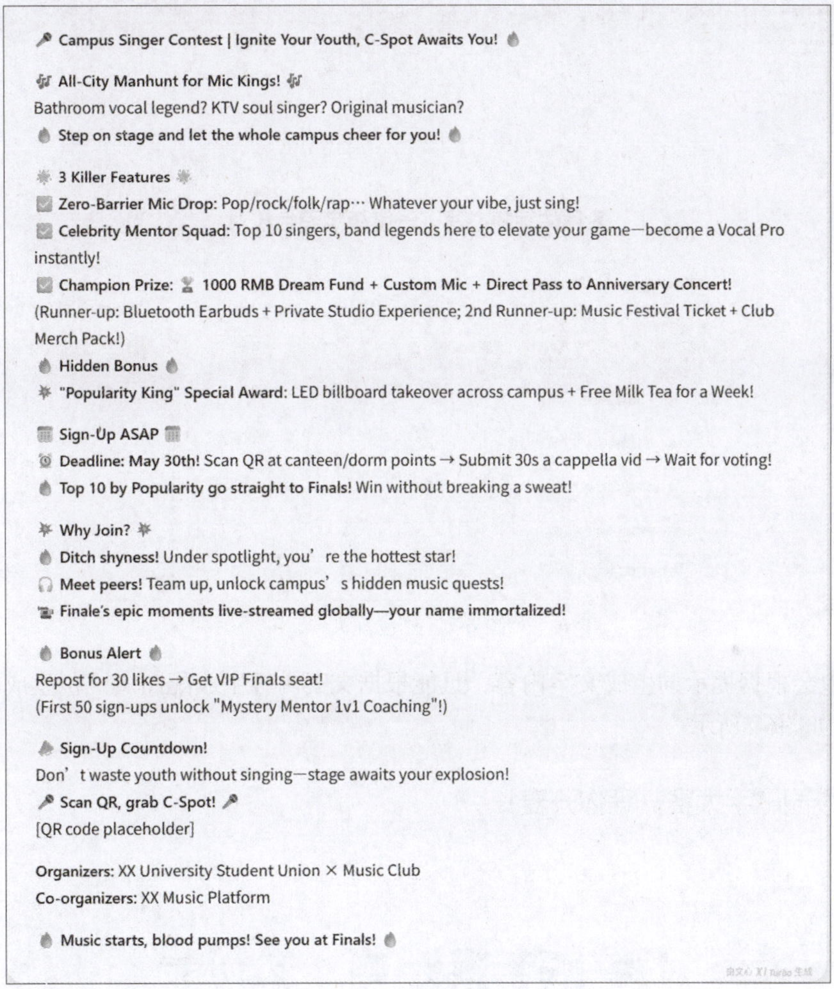

Campus Singer Contest | Ignite Your Youth, C-Spot Awaits You!

All-City Manhunt for Mic Kings!
Bathroom vocal legend? KTV soul singer? Original musician?
Step on stage and let the whole campus cheer for you!

3 Killer Features
Zero-Barrier Mic Drop: Pop/rock/folk/rap… Whatever your vibe, just sing!
Celebrity Mentor Squad: Top 10 singers, band legends here to elevate your game—become a Vocal Pro instantly!
Champion Prize: 1000 RMB Dream Fund + Custom Mic + Direct Pass to Anniversary Concert!
(Runner-up: Bluetooth Earbuds + Private Studio Experience; 2nd Runner-up: Music Festival Ticket + Club Merch Pack!)
Hidden Bonus
"Popularity King" Special Award: LED billboard takeover across campus + Free Milk Tea for a Week!

Sign-Up ASAP
Deadline: May 30th! Scan QR at canteen/dorm points → Submit 30s a cappella vid → Wait for voting!
Top 10 by Popularity go straight to Finals! Win without breaking a sweat!

Why Join?
Ditch shyness! Under spotlight, you're the hottest star!
Meet peers! Team up, unlock campus's hidden music quests!
Finale's epic moments live-streamed globally—your name immortalized!

Bonus Alert
Repost for 30 likes → Get VIP Finals seat!
(First 50 sign-ups unlock "Mystery Mentor 1v1 Coaching"!)

Sign-Up Countdown!
Don't waste youth without singing—stage awaits your explosion!
Scan QR, grab C-Spot!
[QR code placeholder]

Organizers: XX University Student Union × Music Club
Co-organizers: XX Music Platform

Music starts, blood pumps! See you at Finals!

图6-6 文心一言生成的英文版文案

任务2 使用豆包生成“校园歌手大赛”宣传文案

学校举办的“校园歌手大赛”不仅要在线下宣传，还要在学校的微信公众号上进行宣传，因此需要制作一份适合线上宣传的文案。

(1) 打开并登录豆包网页版(https://www.doubao.com/chat/)，进入豆包的首页，在导航中选择“帮我写作”，进入豆包写作页面，如图6-7所示。

(2) 在文本框中输入以下提示词(任务1中已经介绍了提示词的撰写及优化，这里直接使用)。

请帮我写一份学校公众号用的“校园歌手大赛”的宣传文案。要求文案内容包含活动亮点、报名方式、奖品设置，文案风格要求活泼、吸睛，文案字数不超过 300 字，并且提供平顶山市工业职业技术学院公众号链接、宣传封面和文案摘要。

说明：提示词中的具体信息可以修改为自己需要的内容，例如“平顶山工业职业技术学院”可以修改为“济源职业技术学院”。

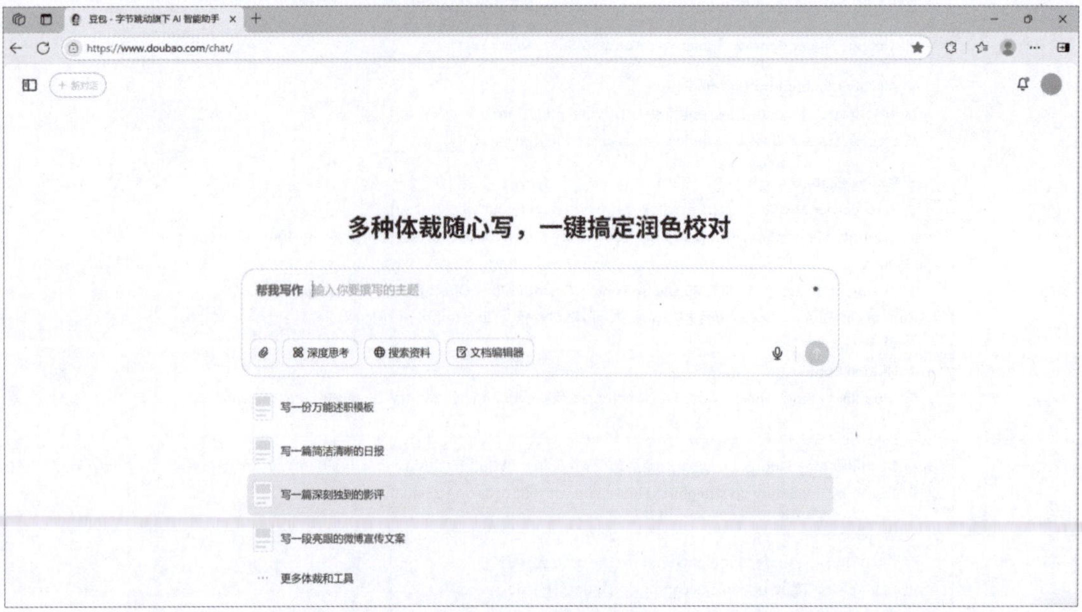

图 6-7　豆包首页

(3) 豆包会根据提示词生成文案内容，且能根据文案内容生成配图。豆包生成的文案标题和宣传图片如图6-8所示。

图 6-8　豆包生成的文案标题和宣传图片

如果对生成的图片不满意，可以把鼠标放到图片上，选择“原始尺寸”进行大小调整，或者选择“更换图片”，如图6-9所示。

图 6-9　优化图片

豆包生成的宣传文案如图6-10所示。

想成为校园明星，用歌声征服全场吗？机会来啦！我校校园歌手大赛火热开启

活动亮点：

人气至上！投票 TOP10 选手直接晋级决赛，让你的实力被全校听见。

专业舞台，聚光灯为你而亮，打造属于你的高光时刻。

评委专业，不仅能收获名次，更能得到专业点评，提升唱功。

奖品设置：

冠军：1000 元梦想基金 + 定制麦克风 + 校庆演唱会直通卡

亚军：蓝牙耳机 + 专属录音棚体验券

季军：音乐节门票 + 社团周边大礼包

特别奖“人气王”：全楼栋 LED 表白墙 + 奶茶自由周

报名方式：

① 扫码填表 ② 录 30 秒清唱视频 ③ 等待人气投票

截止 5 月 30 日哦！食堂 / 宿舍楼下均设报名点，超方便~

快来报名，让校园回荡你的天籁之音！扫码关注平顶山市工业职业技术学院公众号点击关注，获取报名链接及更多赛事详情

文案摘要：校园歌手大赛开启，设人气直通决赛通道，冠军可得 1000 元梦想基金等丰厚奖品，5 月 30 日前扫码填表、录 30 秒清唱视频即可报名，食堂及宿舍楼下设报名点，关注公众号获取报名链接。

图 6-10　豆包生成的宣传文案

(4) 可以将文案内容转换成口播版本，便于制作短视频。在豆包的文本框中输入以下提示词。

请将文案内容转换成适合短视频的口播版本。

(5) 豆包根据要求生成口播版本的文案，如图6-11所示。

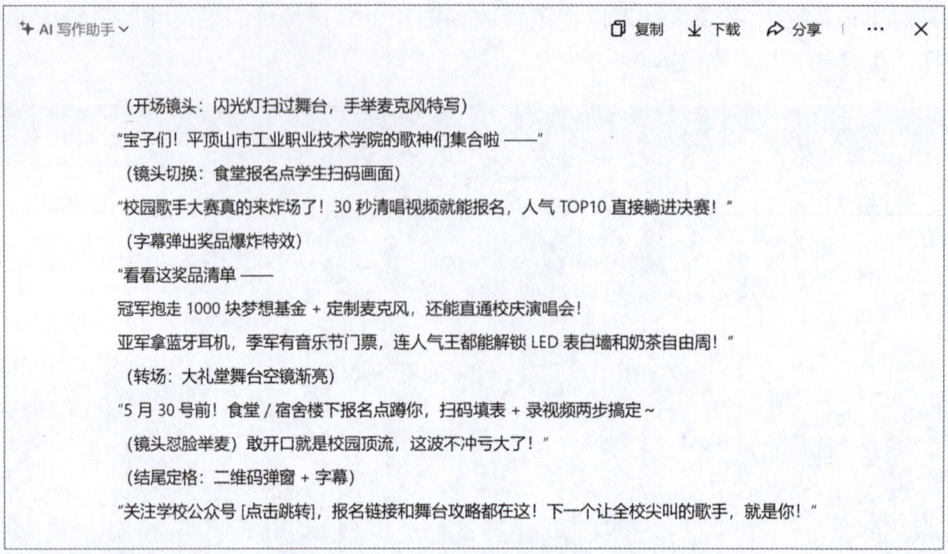

图 6-11　豆包生成口播版本的文案

在短视频口播版本中，直接添加了视频制作的镜头安排和场景说明。

任务 3　制作“校园歌手大赛”策划案汇报 PPT

学校文艺社团准备组织一次“校园歌手大赛”活动，需要制作汇报PPT向学校或社团管理层汇报活动策划方案，以获得批准或资源支持。

1. 使用DeepSeek制作PPT的内容提纲

(1) 打开并登录DeepSeek网页版(https://www.deepseek.com/)，在首页单击“开始会话”，进入交互会话页面，如图6-12所示。

图 6-12　DeepSeek 交互会话页面

(2) 在文本框中输入以下提示词。

> 学校文艺社团准备举办一次“校园歌手大赛”活动，请制作一份活动策划案的汇报 PPT 大纲。

(3) DeepSeek思考之后，返回生成的大纲，如图6-13所示。

```
---

### **校园歌手大赛活动策划案汇报PPT大纲**

---

#### **封面页**
**标题**：2024校园歌手大赛策划案
**副标题**：声动青春 · 乐燃校园
**视觉元素**：动态音乐符号背景 + 往届歌手舞台剪影
**备注**：嵌入10秒往届比赛混剪视频(自动播放)

---

#### **目录页**
1. 活动背景与目标
2. 活动基本信息
3. 赛程规划与亮点
4. 宣传推广方案
5. 预算与资源需求
6. 风险预案与保障措施

---

### **第一部分：活动背景与目标**
**标题**：为什么我们需要这场大赛？
**内容模块**：
1. **背景分析**
  - 数据柱状图：近三年校园文艺活动参与率增长趋势(突出音乐类需求)
  - 痛点总结：学生才艺展示平台不足、校园文化活力待激活
2. **活动目标**
  - 文化目标：打造校园年度IP，传递“多元音乐包容性”理念
  - 参与目标：覆盖80%院系，吸引100+选手报名
  - 传播目标：短视频平台话题曝光量10万+

---

### **第二部分：活动基本信息**
**标题**：核心信息 · 一目了然
**信息卡片设计**：
| 项目          | 内容                                   |
|---------------|----------------------------------------|
```

图 6-13　DeepSeek 生成的汇报 PPT 大纲

活动主题	“破界之声——无定义，才够型”
时间地点	初赛：10月15日/教学楼报告厅 决赛：11月5日/体育馆
参与对象	全体在校生(个人/组合均可)
合作单位	校团委、音乐社、学生会外联部(赞助合作：XX耳机品牌)

视觉辅助：时间轴地图(标注初赛→复赛→决赛节点与场地)

第三部分：赛程规划与创新亮点
标题：让每个声音都被听见
模块设计：
1. **赛程流程图**
  - 三阶段：海选(线上投稿)→ 复赛(主题挑战赛)→ 决赛(直播公演)
  - 创新点：复赛增设“音乐盲盒”环节(随机抽取曲风改编)
2. **评委与评分机制**
  - 评委构成：专业评委(音乐学院老师)40% + 大众评审(学生代表)30% + 线上投票30%
  - 评分维度：技术性、创意性、舞台表现力(雷达图展示)
3. **舞台设计亮点**
  - 360° 环形屏幕 + 实时歌词投影
  - 观众席分区：声浪感应灯(根据欢呼声变换颜色)

第四部分：宣传推广方案
标题：引爆全网的传播策略
分层策略：
1. **预热期(赛前1个月)**
  - 悬念海报：往届冠军剪影+“少年，你会是下一个TA吗？”
  - 校园快闪：食堂/图书馆随机“街头KTV”挑战(录制短视频)
2. **报名期(赛前2周)**
  - 精准推送：教务系统弹窗报名入口 + 班级群裂变海报(扫码生成专属应援图)
3. **爆发期(决赛周)**
  - 直播联动：B站/抖音同步直播，开通“云观众”投票通道
  - 话题运营：#校园歌手神仙打架(引导参赛者发布练习花絮)

数据化呈现：甘特图标注各阶段宣传动作与KPI

第五部分：预算与资源需求
标题：资源整合 · 高效执行
预算表(重点项)：

项目	金额(元)	备注
舞台设备租赁	15,000	含灯光/音响/LED屏
奖品与证书	5,000	冠军：定制专辑录制+奖金3,000
宣传物料	3,000	海报/直播推流设备
应急预案储备金	2,000	医疗/设备备用金

图 6-13（续）

| **总计**　　　| **25,000** | 已确认赞助支持：10,000(XX品牌) |

资源需求清单：
- 校方支持：场地审批、用电保障
- 社团协作：志愿者40人(分工表见附录)

第六部分：风险预案与保障
标题：万无一失的Plan B
风险评估矩阵：
风险项	概率	影响	应对措施
报名人数不足	中	高	启动“班级推荐制”+增设素人培训营
设备突发故障	低	极高	备用设备清单(供应商24小时待命)
网络直播中断	中	中	提前录制备播片段+切换图文直播

安全保障：
- 医疗组驻场 + 紧急疏散路线图(附录页呈现)

封底页
核心标语：
“这不是一场比赛，而是一次青春的共响”
联络信息：
策划组联系人：李同学 138-XXXX-XXXX
扫码加入筹备群：[动态二维码]

附录(可选扩展页)
1. 往届选手成长案例(图文)
2. 详细分工表(甘特图版)
3. 音乐版权授权证明(法律合规性)

PPT设计建议：
- 主色调：霓虹渐变(紫→蓝)呼应音乐活力
- 字体规范：标题用锐字真言体，正文用阿里巴巴普惠体
- 交互设计：决赛投票规则页嵌入模拟投票器(点击按钮实时计数演示)

通过此大纲，可实现 **逻辑清晰的数据说服力 + 情绪感染力的视觉冲击**，助力方案高效通过评审。

图 6-13　(续)

2. 使用Kimi生成PPT

(1) 打开并登录Kimi网页版(https://www.kimi.com/)，在首页的左侧栏单击Kimi+，在弹出的内容中选择“PPT助手”，如图6-14所示。

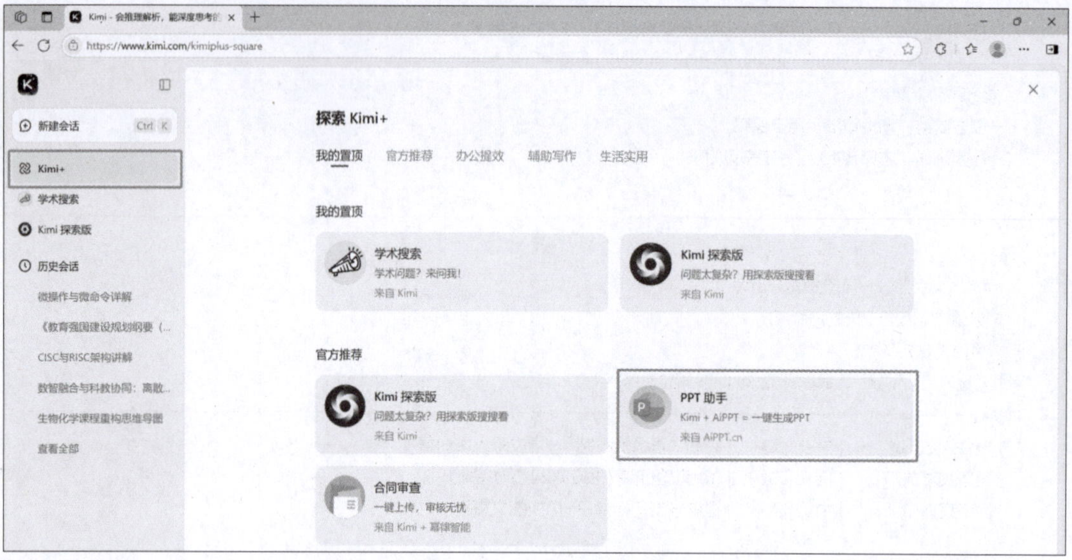

图 6-14　选择“PPT 助手”

(2) 进入Kimi的PPT助手页面，如图6-15所示。

图 6-15　Kimi 的 PPT 助手页面

(3) 将DeepSeek生成的PPT提纲复制到Kimi的文本框中，并输入以下提示词。

> 这段内容是“校园歌手大赛”活动策划案的汇报 PPT 提纲，请根据这个提纲直接生成 PPT，不用修改。

(4) 在生成PPT的页面中，选择场景并选择PPT模板，然后单击“生成PPT”，如图6-16所示，等待Kimi生成PPT。

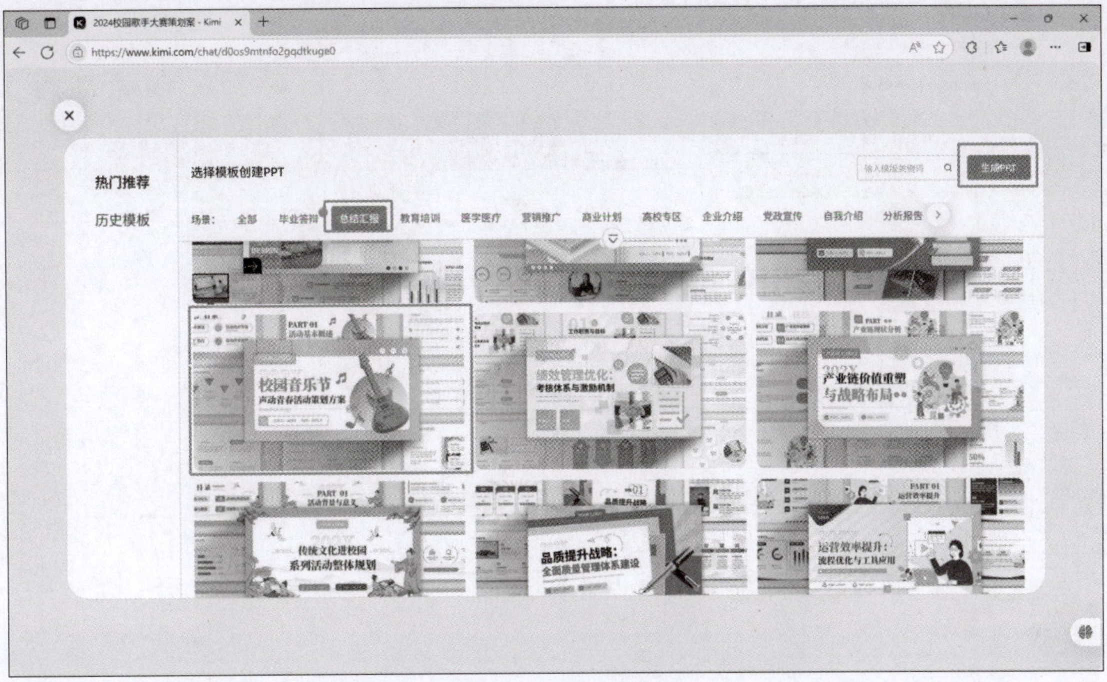

图 6-16　选择 PPT 模板

(5) PPT生成之后，可以在线编辑，也可以下载到本地，如图6-17所示。

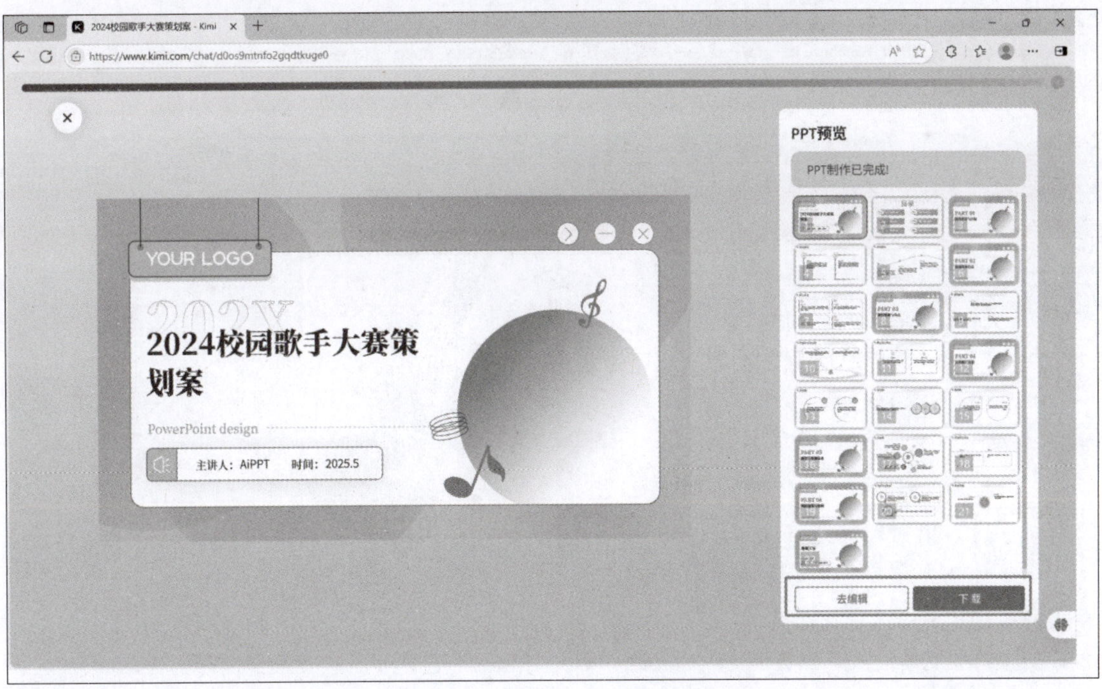

图 6-17　Kimi 生成的 PPT

如果单击“去编辑”按钮，请参考步骤(6)；如果单击“下载”按钮，请参考步骤(7)。

(6) 单击“去编辑”按钮，进行在线编辑，编辑完成之后可下载，如图6-18所示。

图 6-18　在线编辑 PPT

(7) 单击“下载”按钮，把PPT下载到本地进行编辑，如图6-19所示。

图 6-19　将 Kimi 生成的 PPT 下载到本地

拓展知识

提示词模板库(请扫二维码获取)。

作业与测评

1. 学校即将举办一次技术论坛，需要通过微信公众号推送一篇介绍AIGC生成文本技术的文章，内容要简洁明了且具有吸引力。请使用AIGC技术生成文章草稿，并根据需求进行内容优化(如情感调整、语气变化等)，确保文章的结构清晰、易读，且符合公众号的风格。

2. 针对不同的受众群体，学校计划制作一系列创意文案，用于宣传学校的创新项目。请利用AIGC生成文本技术撰写三篇具有不同风格的文案，分别为学术化风格、亲切幽默风格和创意感染型风格。要求每篇文案风格鲜明，且能传达出相应的情感和信息。

3. 结合本项目所学AIGC生成文本技术的各项功能(如语言生成、内容优化、情感调节等)，以及你对当前科技发展趋势的观察，思考并简要阐述：AIGC生成文本技术未来会在哪些领域(如教育、医疗、娱乐等)产生深远影响？请至少列举三个具有应用前景的方向，并探讨这些方向可能的变革及面临的挑战。

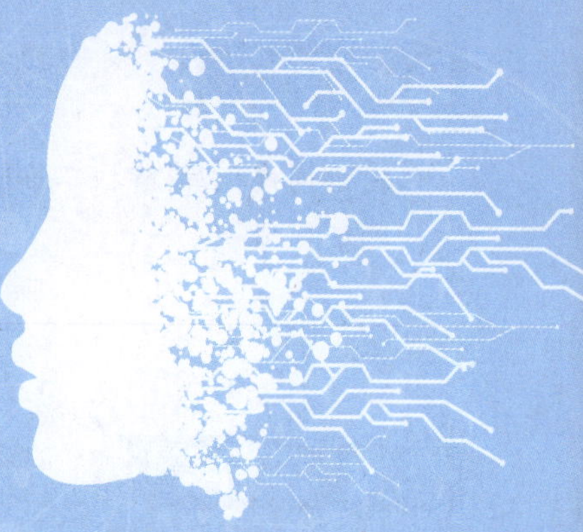

项目 7
数据分析实践

案例导学 用 AI 快速洞察“校园食堂满意度”

场景描述

高职食堂每年底会通过调查问卷，收集师生满意度供食堂改进。目标如下

- 找出最不受欢迎的菜品
- 分析差评关键词
- 生成可视化报告

解决思维

问题：了解校园食堂学生满意度 → 数据：调查问卷 → 算法：数据分析系统 → 工具：Excel、AI模型 → 应用：食堂改进

解决方案

部署校园AI智能食堂满意度数据分析系统。根据菜品评分、排队时长、建议和意见实现以下功能

- 基本统计：统计平均菜品评分、平均排队时长、意见建议词云分析
- 数据关联性分析：身份和评分对比、排队时长和评分关系
- 建议和意见的情感分析
- 提出食堂改进的建议
- 生成可视化图表和报告

基本数据统计模块：此模块对系统涉及的主要数据项进行统计，基本数据项包括身份、年级、菜品评分、就餐时段、排队时长、建议和意见等，统计内容可以包括平均菜品评分、平均排队时长、各年级参与问卷的人数，以及提出建议和意见的人员身份等。

数据关联性分析模块：此模块主要用来挖掘不同数据项之间的关联性，为下一步改进提供参考。具体功能包括身份和评分的关系、排队时长和评分的关系、身份和建议的关系等。

建议意见的情感分析模块：此模块主要针对师生提出的建议和意见从“正面”“负面”“中性”的角度分析师生的情绪，为食堂下一步改进提供参考。

食堂改进建议模块：此模块主要根据数据统计结果、关联性分析情况、情感分析情况提出食堂改进措施，供食堂管理者参考。

可视化图表和报告模块：此模块将统计结果、关联性分析、情感分析以图表的形式可视化，并结合文字分析内容生成分析报告，供食堂管理者存档，以便随时查阅。

学生讨论

1. 请同学们结合自身经验，深入探讨在传统的食堂满意度数据分析中，通常会遇到哪些痛点或瓶颈？

2. 讨论 AI 数据分析技术可能为传统数据分析带来哪些显著的效率提升和功能改进？

3. 请同学们批判地思考，广泛应用AI数据分析技术可能会带来哪些潜在的风险或值得关注的问题？

学习导图

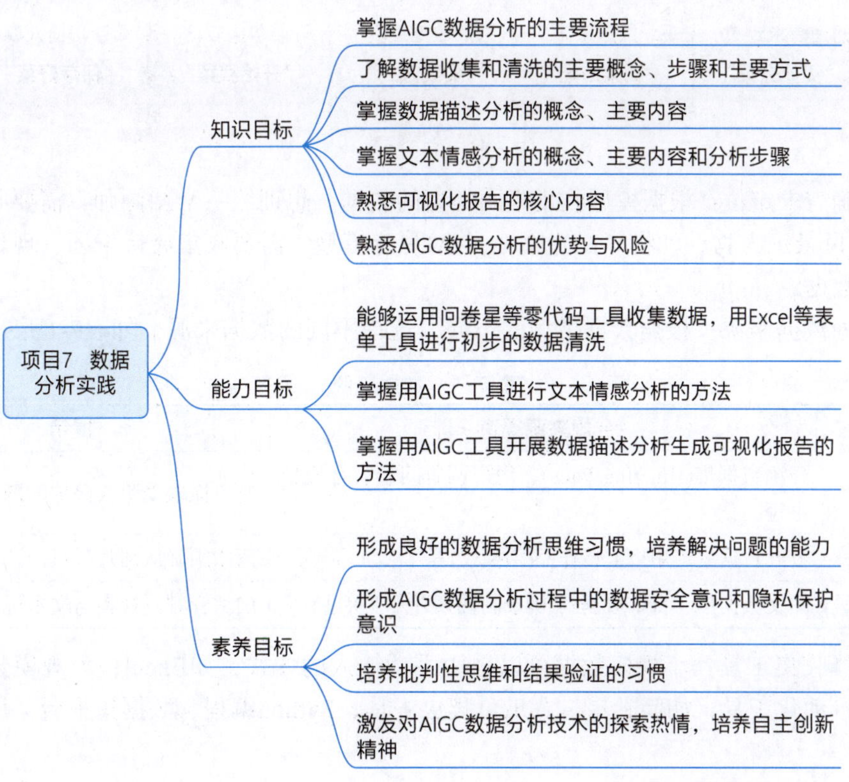

知识学习

7.1　AIGC数据分析流程

7.1.1　数据收集与清洗

1. 数据收集

AIGC数据收集是指为训练AI生成模型(如ChatGPT、DeepSeek、豆包等)，从特定渠道获取文本、图像、音频、视频等生成类数据的过程。例如，想了解同学们对学校食堂饭菜的满意度，可以通过发放调查问卷、统计食堂的就餐人数和菜品剩余量等方式来收集数据。这些数据来源非常广泛，可能是网站、数据库、传感器、调查问卷等。这些数据就像AI模型的“燃料”，其质量直接影响生成效果。

数据收集就像“去市场买菜”，需要有计划、有方法地进行。图7-1所示为具体步骤。

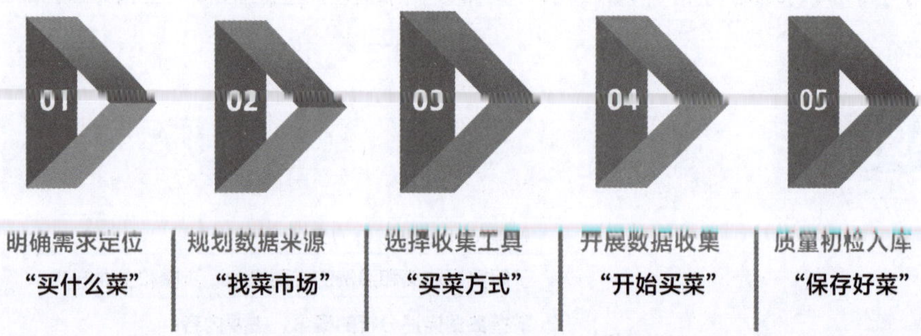

图7-1　数据收集步骤

- 明确需求定位：根据模型收集不同类型的数据。想训练一个AI画师，需要收集大量图片(风景、人物、动物等)；想做一个AI写诗模型，需要收集唐诗宋词、现代诗歌等文字数据。
- 规划数据来源：根据数据类型的不同，选择不同的数据来源，如表7-1所示。

表7-1　数据来源

数据类型	合规来源渠道	提示
文本数据	开源数据集(Hugging Face)、用户调研问卷、合规爬虫等	避免抓取受版权保护的网文或书籍
图像数据	公开数据集、用户上传作品(须授权)等	商用须确认图片版权
多模态数据	图文数据集、自采数据(手机录制视频并人工标注)	确保音频、视频与文本标签严格同步

- 选择收集工具：小规模数据可以采用手动输入的方式，如Excel；大规模数据可以采用自动化工具，如问卷星、八爪鱼爬虫工具、Python编程、数据集平台，以及调用其

他系统的接口等方式。

- 开展数据收集：使用上述工具收集数据，如用爬虫的方式收集网页数据。
- 质量初检入库：将收集到的数据进行初步检查后进行保存，可以保存在本地文件和数据库中，也可以进行云存储。

2. 数据清洗

AIGC 数据清洗是指处理生成类数据中的错误、重复、版权等问题，如文本数据中的语法错误、重复句子，图像数据中的模糊画面、标签错误，音频数据中的杂音、时长异常，让数据更适合模型训练。清洗后的高质量数据能让 AI 模型 “学” 得更快、更好。

(1) 常见数据问题如表7-2所示。

表 7-2　常见数据问题

问题类型	具体表现
生成错误	文本逻辑混乱、图像内容扭曲
重复内容	同一数据多次出现(如重复对话样本)
版权风险	包含受保护的图片或文本(如名人肖像)
模态不匹配	图像描述与画面不符(如 “猫” 标成 “狗”)
数据不平衡	某类数据过多或过少(如诗歌中 “爱情” 主题占 80%)

(2) 数据清洗的步骤如图7-2所示。

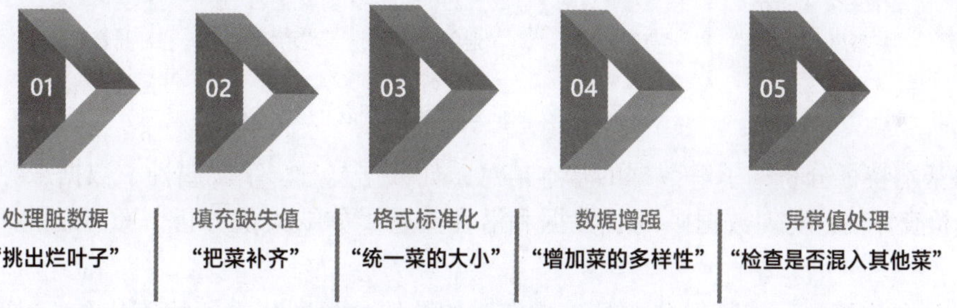

图 7-2　数据清洗的步骤

- 处理脏数据：对错误的数据或质量不高的数据进行处理。对于文字数据，删除乱码、重复的句子；对于图片数据，删掉模糊的照片、重复的图片。
- 填充缺失值：对缺失的数据进行补全。如果收集的古诗缺少作者，则可以手动补全或用AI推测可能的作者；如果图片标签不完整，则可以用AI自动识别图片内容并补上标签。
- 格式标准化：对数据的格式和类型进行统一。对于文字数据，统一标点符号(全角或半角)、繁体转简体；对于图片数据，统一尺寸(如所有图片调整为512×512像素)、格式(全转成JPG文件)。
- 数据增强：对数据进行优化和补充。对于文字数据，用同义词替换并生成新句子(如 “开心” → “高兴”)；对于图片数据，如对一张猫图进行旋转、加滤镜，生成10张不同效果的猫图。

- 异常值处理：对不合理的数据进行处理。删除明显不合理的数据，如“一只长着3只耳朵的猫”(除非专门训练奇幻风格AI)；用工具自动检测并删除带水印的图片(避免侵权)。

(3) 可以根据数据的类型和规模选择不同的清洗工具。

对于小规模数据，可以使用Excel等工具执行删除重复行、统一格式等操作；对于批量处理图片或音频，可以使用Python和OpenCV等工具来调整尺寸或进行格式转换；对于自动过滤敏感内容，可以使用内容安全审核API来识别违规文字、图片等。

7.1.2 数据描述分析

数据描述分析是指通过一系列统计方法和图表来概括并总结数据集的基本特征与分布规律的过程。通过这些分析，可以全面了解数据的健康状况和特征，为后续模型训练提供依据。

1. 数据描述分析的主要内容

图7-3所示为数据描述分析的主要内容。

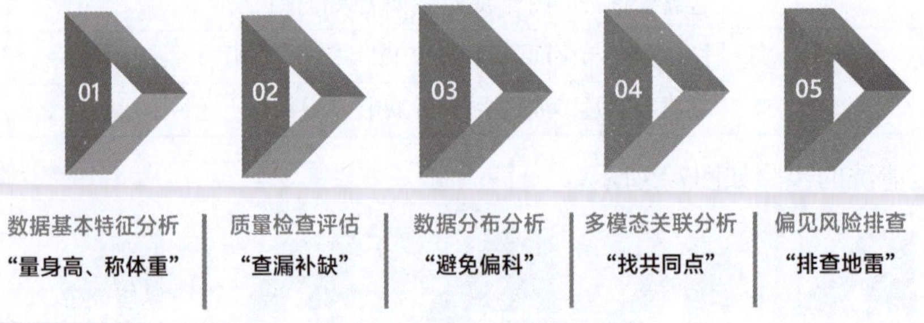

图 7-3 数据描述分析的主要内容

数据基本特征分析：了解数据的基本信息，如数据总量、字段属性、数据来源分布等。

质量检查评估：发现数据中的脏数据和潜在问题，如缺失值分析、重复值检测、异常值筛查。

数据分布分析：了解数据分布是否均衡，如数据的类别分布、数值分布、时间或空间分布等。

多模态关联分析：发现不同数据类型之间的联系(如文本与图像的匹配度)，如检查“图片描述文本”是否准确反映图片内容。

偏见风险排查：检查数据中有害或存在偏见的内容，如敏感内容检测、公平性分析等。

2. 数据描述分析的主要工具

不同类型的数据可以采用不同的专业工具和专业智能体分析，也可以使用文心一言、豆包、DeepSeek等大模型来自动处理文本、图像数据。如图7-4所示，豆包大模型对话界面中提供了数据分析的模块。

3. AI辅助数据描述分析的操作方法

选择大模型的数据分析模块，或者直接打开大模型对话窗口，将清洗过的数据加载到大模型中，根据需要提出对数据描述分析的具体需求。如图7-5所示，选择豆包的数据分析模块，导入数据文件就可以开展数据分析。

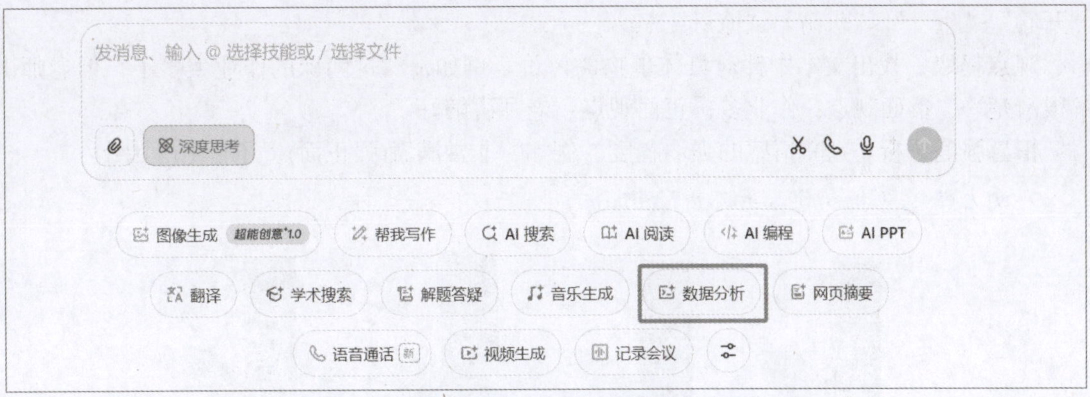

图 7-4　豆包大模型对话界面中的数据分析模块

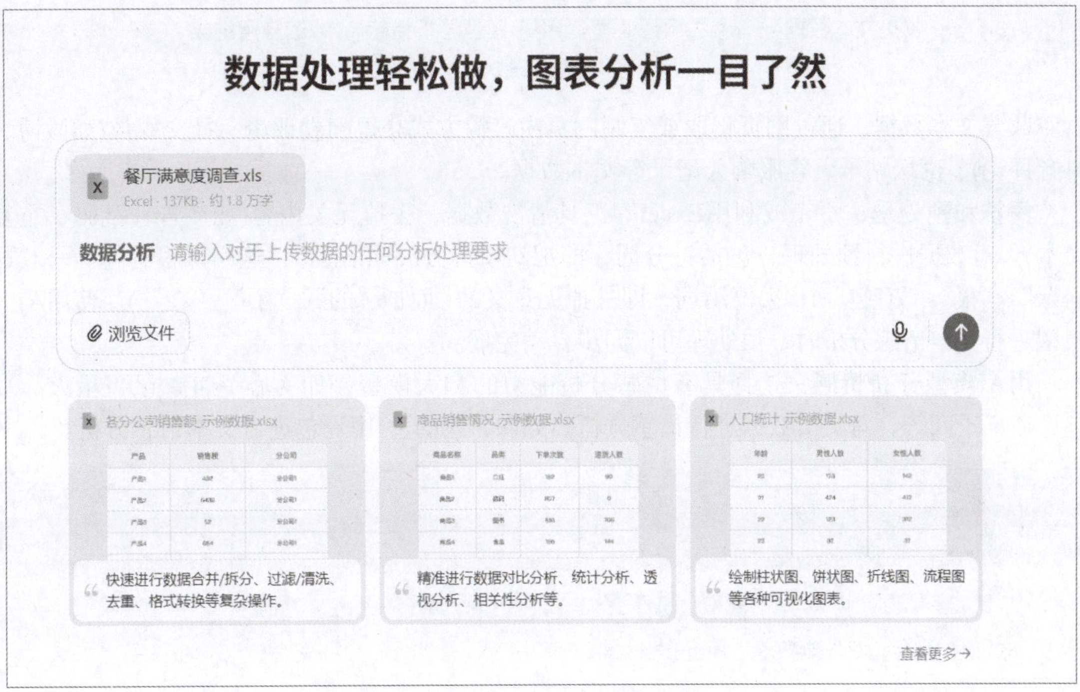

图 7-5　豆包的数据分析模块界面

7.1.3　文本情感分析

文本情感分析主要用来识别、提取文本中的主观情感信息(如正面、负面、中性)，并量化情感强度。其核心是通过算法模型理解语言背后的情绪表达。

简单来说，就是让计算机“读懂”文字中包含的情绪和体现的态度。例如，分析学生对某门课的评价是“喜欢”还是“厌恶”，看网友对某个产品的评论是“好评”“差评”还是“中立”，甚至发现文本里隐藏的情绪(如愤怒、喜悦、焦虑等)。

1. 文本情感分析的主要内容

情感分类：把文本分成“正面”“负面”“中性”三类(最基础)，也可以进一步细化为

"开心""生气""悲伤""惊讶"等。

观点提取： 找出文本中针对具体事物的评价。例如，"这门课的作业太多了，但老师讲解很清楚"，负面观点：作业多；正面观点：老师讲解好。

情感强度分析： 判断情感的强弱程度。例如，非常满意(强正面)、还行吧(弱中性)。

2. 文本情感分析的主要步骤(见图7-6)

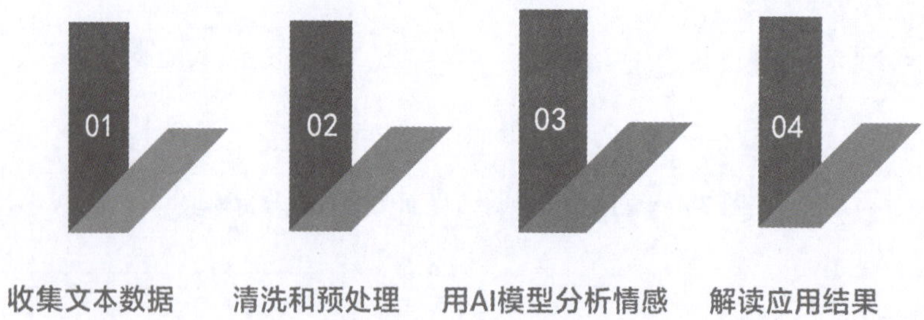

图 7-6 文本情感分析的主要步骤

收集文本数据： 通过网页爬取或复制网页内容等方式获得问卷评论、社交媒体(如微博、抖音评论)、论坛帖子、客服聊天记录等文本数据。

清洗和预处理： 手工或利用Excel等工具清洗数据，去掉无关内容(如广告、乱码、重复文本)。对数据进行预处理，包括：分词，即把句子拆分成词语(如"这门课很有趣"→"这门课""很""有趣")；去停用词，即去掉无意义的词(如"的""了""在")。使用AI大模型进行文本情感分析时，预处理可以同步自动完成。

用AI模型分析情感： 选择具有情感分析能力的AI大模型，如文心一言、讯飞星火、豆包、通义千问等，对文本数据进行情感分析。如图7-7所示，用豆包进行文本情感分析。

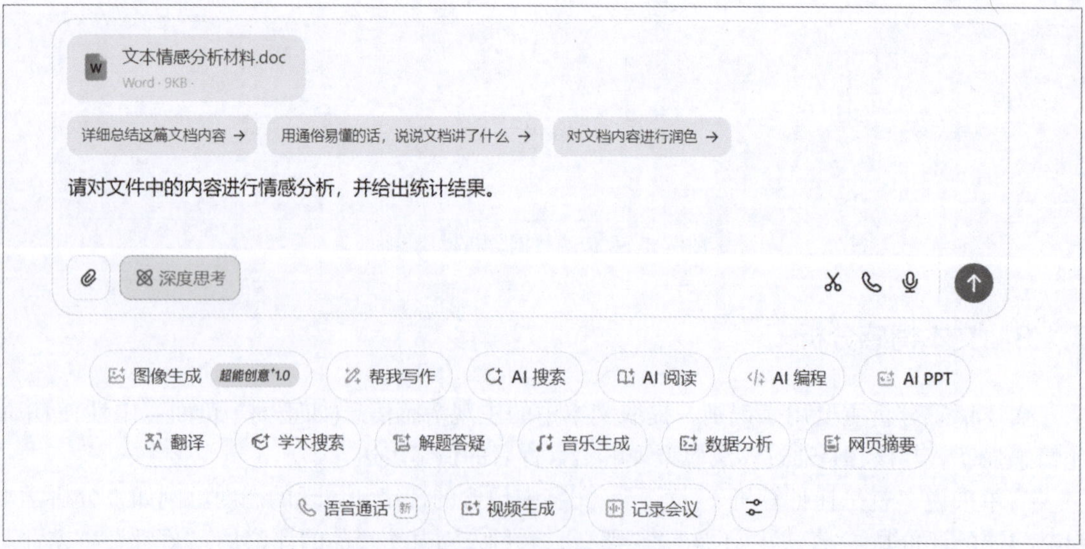

图 7-7 文本情感分析界面

解读应用结果： 对文本数据情感分析的结果进行统计，解读结果，并根据分析结果开展相关的应用。例如统计正面和负面情感的比例(如 80% 正面，20% 负面)，提取高频关键词(如

“作业多”“老师耐心”）。图7-8所示为利用豆包对一段文字进行情感分析的结果。

以下是基于文本的情感统计结果，通过逐句分析和情感词量化呈现具体数据：

一、情感极性分布

情感类型	句子数量	占比	典型例句
正面	12 句	46.2%	"网购推荐刚好是想买的"" 视频会议让异地同事跟在眼前 "
负面	14 句	53.8%	"被算法套住刷不完视频""24 小时工作群弄没生活界限 "
中性	0 句	0%	无

注：共分析 26 个完整语句（以句号 / 感叹号为分隔），情感倾向通过情感词密度、语境关联度综合判定。

二、情感强度分布

1. **正面情感强度**
   - **强正面**（得分≥0.7）：4 句（占正面 33.3%）
     例："现代人离不开的电子氧气"
   - **中正面**（0.3≤得分＜0.7）：8 句（占正面 66.7%）
     例："飞书云协作能实时改文档"
2. **负面情感强度**
   - **强负面**（得分≤-0.7）：5 句（占负面 35.7%）
     例："无穷无尽的视频流刷都刷不完"
   - **中负面**（-0.3≥得分＞-0.7）：9 句（占负面 64.3%）
     例："点得人直烦躁"

评分依据：采用改进型情感词典评分法，结合程度词（如 "老深"" 不停 "）和否定词（如" 没 ""破"）调整基础分值。

图 7-8　文本情感分析结果

7.1.4　可视化与报告生成

可视化报告是用“图表 + 文字 + AI 分析”的格式来展示数据结论，核心内容分为 4 部分。

1. 数据总览

工具自动生成图表展示核心指标(如平均值、总数、完成率)，利用趋势图(折线图)或占比图(饼图)，快速查看数据变化或分布。

2. 对比分析

对比分析两个变量(如“月份-销量”与“月份-促销活动”)，并开展数据相关性分析(如

“促销月销量提升30%”)。

3. 原因解读

对数据结果进行解读，分析原因。可以用AI 生成文字结论，如输入“为什么销量下降”，工具分析数据后输出“可能因第 4 周促销活动结束，新客减少 18%”；也可以用词云图展示高频关键词(如用户评论中“质量差”出现50次)。

4. 建议措施

AI 自动生成建议：根据数据分析结果给出下一步方案，如“建议每月第 3 周重启促销，针对新客发放优惠券”，用流程图或清单图列出执行步骤，方便落地。

7.2　AIGC 数据分析的优势与风险

7.2.1　AIGC 数据分析的优势

1. 效率高：以前几天的活，现在几分钟搞定

AIGC 能自动处理海量数据，例如分析 10 万条用户评论或5000 张 AI 生成图片的风格，传统人工需要一周才能完成，AIGC 几小时就能出结果。

2. 能力强：能看懂非结构化数据(文字、图片、视频)

传统数据分析只能计算数字(如Excel中的销量、分数)，但AIGC能“理解”非结构化数据。

- 文本：分析 AI 生成的小说情感(悲伤或快乐段落占比)。
- 图像：统计 AI 绘画的颜色偏好(如 80% 的图用蓝色调)。
- 视频：识别用户观看 AI 生成的短视频时的停留时长波动。

3. 发现多：发现人类容易忽略的“隐藏规律”

AIGC 能处理复杂关联，例如学生餐厅中就餐品种和评价之间的关联关系：“麻辣香锅”是销量 TOP1(占比 35%)，但好评率仅 62%(中等水平)。

4. 成本低：小企业也能用得起的“高级分析”

以前请专业团队做数据分析成本比较高，现在用零代码 AIGC 工具，个人和小企业可以免费使用。

7.2.2　AIGC 数据分析的风险

1. 不安全：你的数据可能被“偷看”或“泄露”

大模型训练需要海量数据，用户交互过程中可能泄露敏感信息，如果使用存在安全问题的服务器，可能导致数据被黑客窃取。

2. 不准确：AI 也会“犯傻”或“撒谎”

AIGC分析的结果也会出现质量差、“误解”数据的问题。例如，AI模型可能会把“奶茶差评”中的“太甜了”误判为“好评”(因为“甜”有时是正面词)。

3. 不客观：AI 的“观点”可能带有“歧视”

AIGC 的分析结果会继承训练数据的偏见，例如分析 AI 生成的作文时，默认“用复杂词汇的学生更优秀”，忽略内容的真实情感。

7.2.3　正确使用 AIGC 数据分析

(1) 重要数据先用人工检查(如删除异常值“年龄 =−5 岁”)。

(2) 对AI结论保持怀疑(如“AI说女生成绩差”，那么要手动查看原始数据)。

(3) 选择国产合规工具(如DeepSeek、豆包、文心一言等AI大模型)，保护数据安全。

实训任务

任务 1　用 AI 分析运动会参赛数据

【任务目标】

运动会后需要对参赛运动员的比赛成绩进行分析，找出各项指标的分布情况，以及潜在的关联性分析，以便整体了解学生的运动水平和改进建议。

【任务实现】

1. 采集和清洗数据

可以采用问卷调查或手工录入的方式获得运动会参赛的数据。为提高实训效率，本任务采用AI自动生成需要开展实训的模拟数据，数据以Excel表的形式保存。

(1) 用智谱清言大模型来模拟生成数据。如图7-9所示，打开智谱清言，在对话框中输入对话内容，生成500条数据，如图7-10所示。

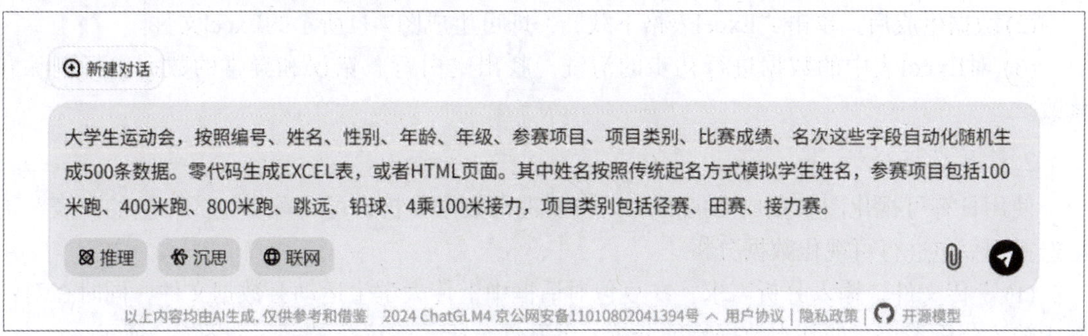

图 7-9　智谱清言输入界面

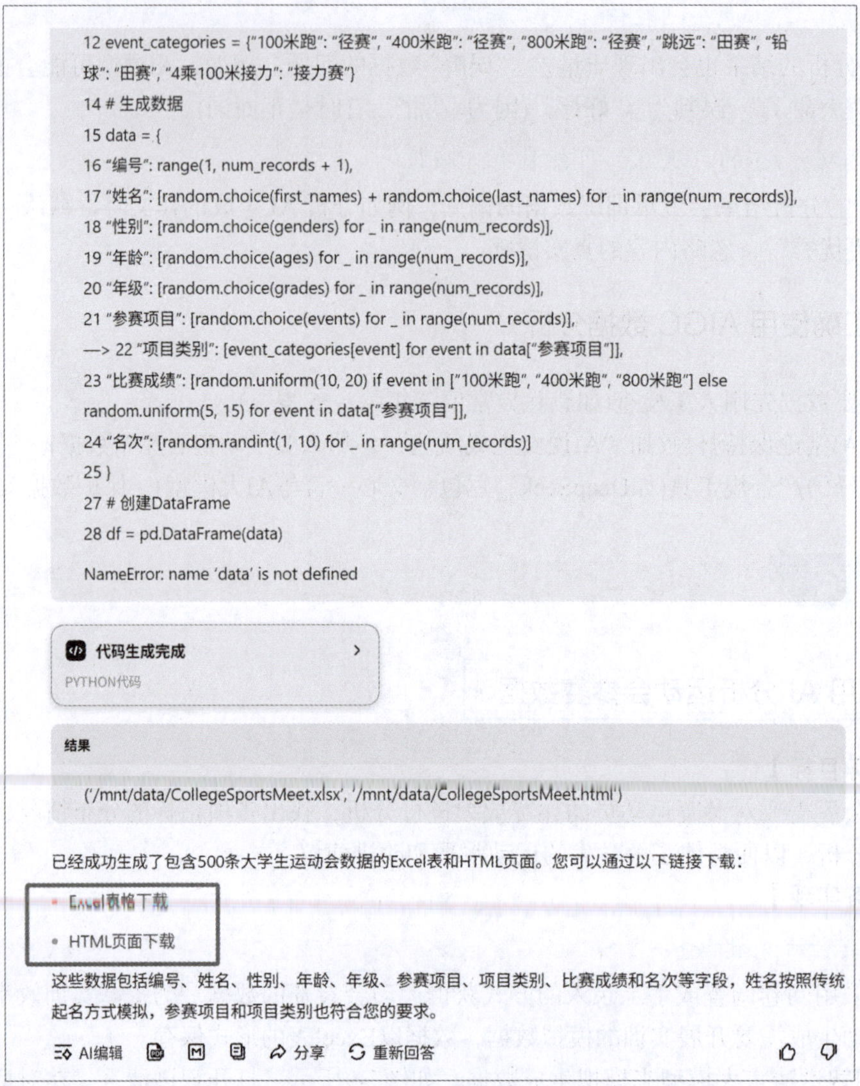

图 7-10　生成的运动会参赛数据

(2) 数据生成后，单击“Excel表格下载”，即可生成图7-11所示的Excel文件。

(3) 对Excel表中的数据进行初步的清洗，找出空白行、错误和异常的数据进行删除和修改。

2. 开展数据分析

使用具有可视化图表生成功能的AI大模型进行数据分析，可以配套生成相应的图表，这里选择用豆包进行可视化数据分析。

(1) 上传文件，输入分析需求。在豆包对话框中上传大学生运动会数据文件，同时在对话框中输入分析需求，如基本数据特征分析、关联性分析、建议总结等，如图7-12所示。

(2) 生成分析报告。如图7-13所示，生成了运动会参赛数据可视化报告，包括参赛学生的基本特征、相关性分析，并给出了总结与建议。

编号	姓名	性别	年龄	年级	参赛项目	项目类别	比赛成绩	名次
1	王伟	女	19	大二	400米跑	径赛	64.73	65
2	周芳	女	18	大一	100米跑	径赛	11.48	21
3	周军	男	22	大二	4乘100米扌	接力赛	54.75	49
4	周丽	男	21	大三	100米跑	径赛	13.91	72
5	李丽	女	20	大二	400米跑	径赛	69.14	85
6	陈芳	男	21	大一	800米跑	径赛	170.85	66
7	吴敏	男	21	大一	跳远	田赛	4.28	72
8	刘军	女	22	大二	4乘100米扌	接力赛	46.04	3
9	赵敏	男	19	大一	跳远	田赛	4.97	56
10	陈娜	女	20	大二	4乘100米扌	接力赛	49	17
11	王军	男	22	大二	400米跑	径赛	59.25	50
12	刘磊	男	20	大一	400米跑	径赛	66.44	76
13	陈丽	女	18	大二	铅球	田赛	14.13	13
14	陈秀英	女	21	大四	400米跑	径赛	55.3	31
15	赵磊	女	22	大四	铅球	田赛	10.8	53
16	赵娜	女	18	大一	100米跑	径赛	11.19	14
17	李丽	男	21	大四	铅球	田赛	14.97	3
18	周敏	男	18	大三	4乘100米扌	接力赛	50.1	32
19	刘丽	男	21	大一	4乘100米扌	接力赛	58.14	66
20	刘磊	男	22	大一	4乘100米扌	接力赛	49.48	24
21	周军	男	19	大三	400米跑	径赛	60.79	57
22	周伟	女	21	大一	100米跑	径赛	14.68	83
23	刘秀英	男	19	大一	100米跑	径赛	13.79	71
24	王磊	男	19	大四	铅球	田赛	9.16	67
25	周军	女	19	大二	4乘100米扌	接力赛	49.68	26
26	陈强	女	18	大二	400米跑	径赛	51.28	9
27	张军	男	22	大二	100米跑	径赛	10.82	5
28	张秀英	男	18	大三	100米跑	径赛	12.81	53
29	刘强	男	22	大二	4乘100米扌	接力赛	59.03	69
30	吴军	女	19	大四	跳远	田赛	4.67	60
31	王丽	女	21	大四	跳远	田赛	7.02	13
32	张芳	男	21	大三	100米跑	径赛	11.62	26
33	赵磊	女	19	大四	400米跑	径赛	55.57	33
34	赵芳	女	22	大一	100米跑	径赛	13.43	64
35	周伟	男	19	大二	跳远	田赛	5.7	42
36	赵丽	男	19	大四	100米跑	径赛	14.93	88
37	刘强	女	21	大四	400米跑	径赛	53.8	16
38	赵伟	男	20	大一	100米跑	径赛	13.13	59
39	周磊	男	18	大一	400米跑	径赛	51.37	10
40	王秀英	女	18	大二	铅球	田赛	12.16	37
41	吴芳	女	22	大三	800米跑	径赛	132.26	19

图 7-11　运动会参赛模拟数据

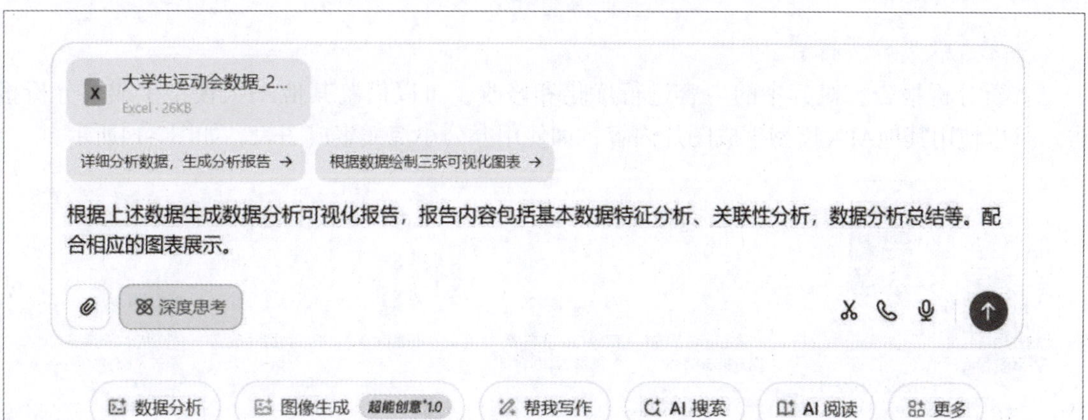

图 7-12　豆包输入界面

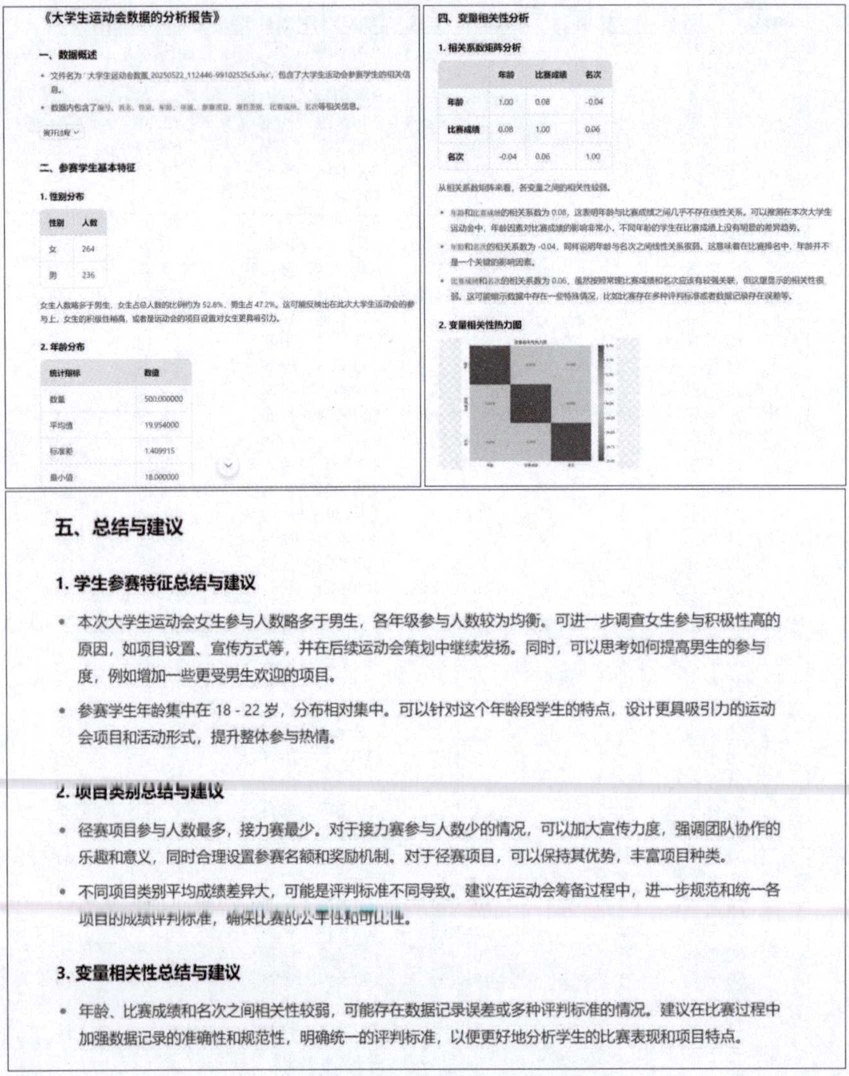

《大学生运动会数据的分析报告》

一、数据概述

- 文件名为“大学生运动会数据_20250522_112446-99102525c5.xlsx”，包含了大学生运动会参赛学生的相关信息。
- 数据内包含了编号、姓名、性别、年龄、年级、参赛项目、项目类别、比赛成绩、名次等相关信息。

展开流程

二、参赛学生基本特征

1. 性别分布

性别	人数
女	264
男	236

女生人数略多于男生，女生占总人数的比例约为 52.8%，男生占 47.2%。这可能反映出在此次大学生运动会的参与上，女生的积极性稍高，或者是运动会的项目设置对女生更具吸引力。

2. 年龄分布

统计指标	数值
数量	500.000000
平均值	19.954000
标准差	1.409915
最小值	18.000000

四、变量相关性分析

1. 相关系数矩阵分析

	年龄	比赛成绩	名次
年龄	1.00	0.08	-0.04
比赛成绩	0.08	1.00	0.06
名次	-0.04	0.06	1.00

从相关系数矩阵来看，各变量之间的相关性较弱。

- 年龄和比赛成绩的相关系数为 0.08，这表明年龄与比赛成绩之间几乎不存在线性关系。可以推测在本次大学生运动会中，年龄因素对比赛成绩的影响非常小，不同年龄的学生在比赛成绩上没有明显的差异趋势。
- 年龄和名次的相关系数为 -0.04，同样说明年龄与名次之间线性关系很弱。这意味着在比赛排名中，年龄并不是一个关键的影响因素。
- 比赛成绩和名次的相关系数为 0.06，虽然按照常理比赛成绩和名次应该有较强关联，但这里显示的相关性很弱。这可能暗示数据中存在一些特殊情况，比如比赛存在多种评判标准或者数据记录存在误差等。

2. 变量相关性热力图

五、总结与建议

1. 学生参赛特征总结与建议

- 本次大学生运动会女生参与人数略多于男生，各年级参与人数较为均衡。可进一步调查女生参与积极性高的原因，如项目设置、宣传方式等，并在后续运动会策划中继续发扬。同时，可以思考如何提高男生的参与度，例如增加一些更受男生欢迎的项目。
- 参赛学生年龄集中在 18 - 22 岁，分布相对集中。可以针对这个年龄段学生的特点，设计更具吸引力的运动会项目和活动形式，提升整体参与热情。

2. 项目类别总结与建议

- 径赛项目参与人数最多，接力赛最少。对于接力赛参与人数少的情况，可以加大宣传力度，强调团队协作的乐趣和意义，同时合理设置参赛名额和奖励机制。对于径赛项目，可以保持其优势，丰富项目种类。
- 不同项目类别平均成绩差异大，可能是评判标准不同导致。建议在运动会筹备过程中，进一步规范和统一各项目的成绩评判标准，确保比赛的公平性和可比性。

3. 变量相关性总结与建议

- 年龄、比赛成绩和名次之间相关性较弱，可能存在数据记录误差或多种评判标准的情况。建议在比赛过程中加强数据记录的准确性和规范性，明确统一的评判标准，以便更好地分析学生的比赛表现和项目特点。

图 7-13 运动会参赛数据可视化报告

3. 完善数据分析报告

查看分析报告，对其中的内容进行优化和修改，可以借鉴其他AI大模型生成的分析报告。可以使用其他AI大模型生成图片内容，如使用办公小浣熊生成图表，如图7-14所示。

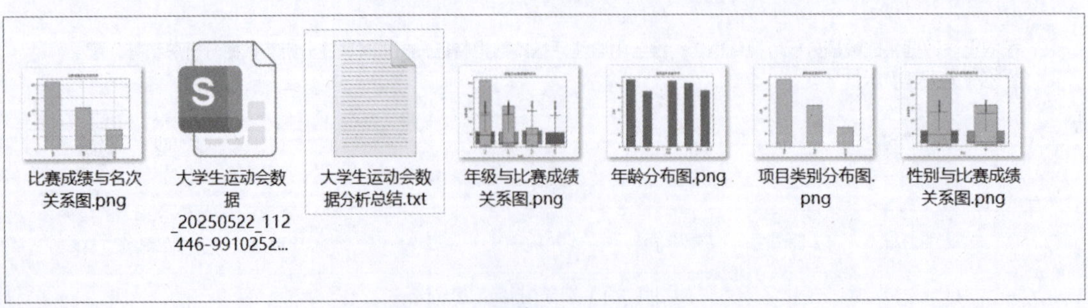

图 7-14 使用办公小浣熊生成图表

任务2　用AIGC进行患者满意度数据分析

【任务目标】

社区医院对来社区就诊的患者开展满意度调查，用AI工具对调查数据进行分析，获取患者对社区医院就诊流程、服务质量、环境便利性的满意度，以便进一步改进工作，提高服务水平，使患者满意就医。

【任务实现】

1. 数据采集和清洗

可以通过问卷调查工具填写调查问卷获取数据，这里仍然采用模拟数据来开展实训。

(1) 数据采集。在智谱清言大模型对话框中输入图7-15所示的内容，生成Excel表。

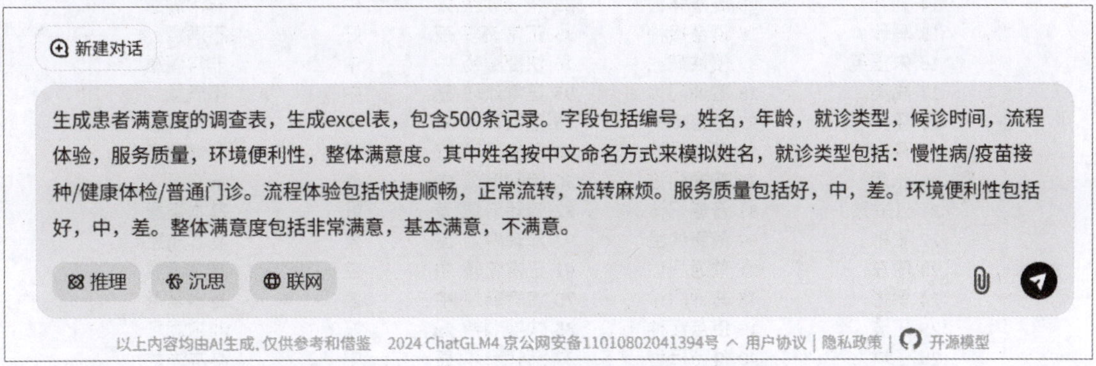

图7-15　大模型输入界面

单击图7-16中的“患者满意度调查表下载”，生成图7-17所示的Excel表。

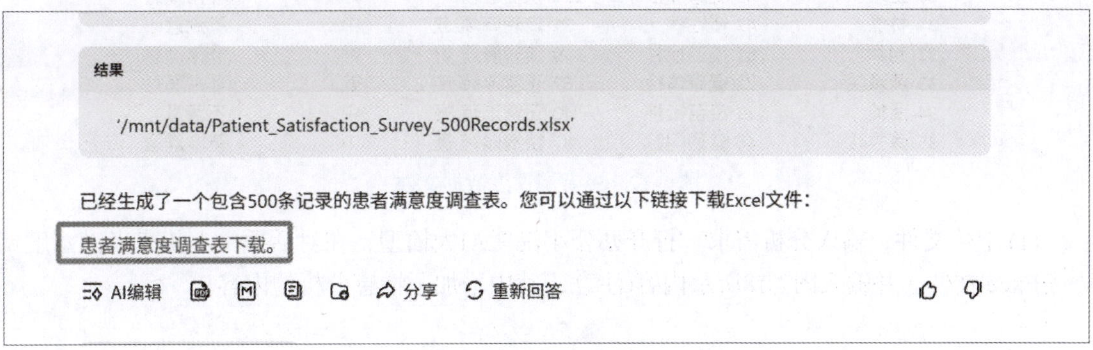

图7-16　患者满意度调查表下载界面

(2) 对Excel表中的数据进行初步的清洗，找出空白行、错误和异常的数据进行删除和修改。

2. 开展数据分析

使用具有可视化图表生成功能的AI大模型进行数据分析。这里选择用办公小浣熊进行可视化数据分析。

编号	姓名	年龄	就诊类型	候诊时间	流程体验	服务质量	环境便利性	整体满意度
1	曾峰	50	疫苗接种	37	正常流转	差	差	不满意
2	陆琳	98	慢性病	113	流转麻烦	中	差	不满意
3	耿帅	54	普通门诊	95	正常流转	差	好	不满意
4	陈萍	6	普通门诊	85	正常流转	中	好	基本满意
5	张晨	34	健康体检	1	正常流转	好	好	基本满意
6	李建华	66	疫苗接种	95	正常流转	好	好	基本满意
7	张平	63	慢性病	69	正常流转	差	差	不满意
8	冯秀芳	52	疫苗接种	66	流转麻烦	差	中	非常满意
9	王飞	39	疫苗接种	55	正常流转	好	好	不满意
10	宋建军	62	慢性病	110	快捷顺畅	差	好	基本满意
11	刘建军	46	疫苗接种	7	正常流转	好	差	不满意
12	梁红	75	普通门诊	16	快捷顺畅	好	中	非常满意
13	张宇	28	普通门诊	50	正常流转	差	中	不满意
14	刘利	65	健康体检	83	快捷顺畅	好	中	非常满意
15	马玲	18	疫苗接种	35	正常流转	差	好	不满意
16	朱玉英	37	慢性病	16	快捷顺畅	中	中	非常满意
17	高英	18	普通门诊	95	正常流转	差	中	不满意
18	蒋芳	97	疫苗接种	73	正常流转	差	中	非常满意
19	慕柳	13	普通门诊	46	正常流转	好	差	非常满意
20	张想	80	普通门诊	30	流转麻烦	中	差	不满意
21	江秀珍	33	普通门诊	87	流转麻烦	差	好	基本满意
22	张彬	69	健康体检	92	流转麻烦	差	差	基本满意
23	廖东	91	普通门诊	91	正常流转	中	差	基本满意
24	贾彬	78	普通门诊	70	流转麻烦	中	差	基本满意
25	王波	19	疫苗接种	85	快捷顺畅	好	好	非常满意
26	王琳	40	疫苗接种	37	流转麻烦	差	中	基本满意
27	王利	13	慢性病	29	正常流转	好	差	不满意
28	黄玉英	94	健康体检	95	正常流转	中	差	非常满意
29	黄彬	10	健康体检	107	流转麻烦	好	好	不满意
30	土墉	88	健康体检	116	快捷顺畅	中	好	非常满意
31	林晶	43	慢性病	31	流转麻烦	差	中	不满意
32	刘兵	61	疫苗接种	9	流转麻烦	好	好	非常满意
33	黄淑兰	72	健康体检	67	正常流转	中	差	非常满意
34	潘楠	13	疫苗接种	40	正常流转	好	中	不满意
35	龚秀珍	46	普通门诊	87	快捷顺畅	差	中	基本满意

图 7-17　患者满意度数据文件

(1) 上传文件，输入分析需求。打开办公小浣熊AI大模型，在对话框中上传患者满意度调查表Excel文件，并输入图7-18所示内容(注意，其中增加了情感分析的内容)。

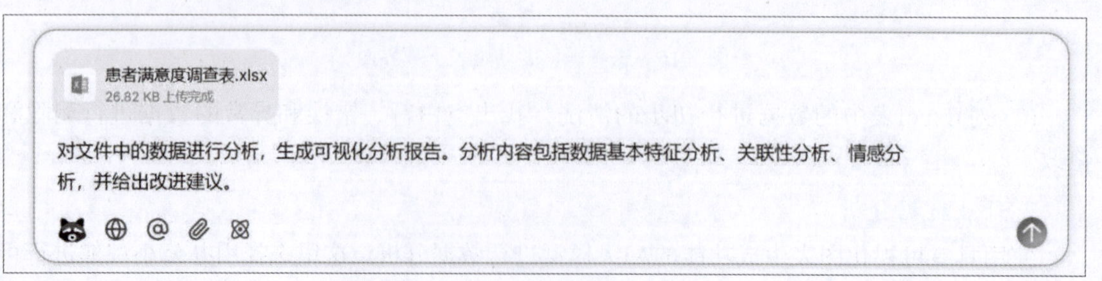

图 7-18　办公小浣熊输入界面

(2) 生成分析图和报告，如图7-19和图7-20所示。

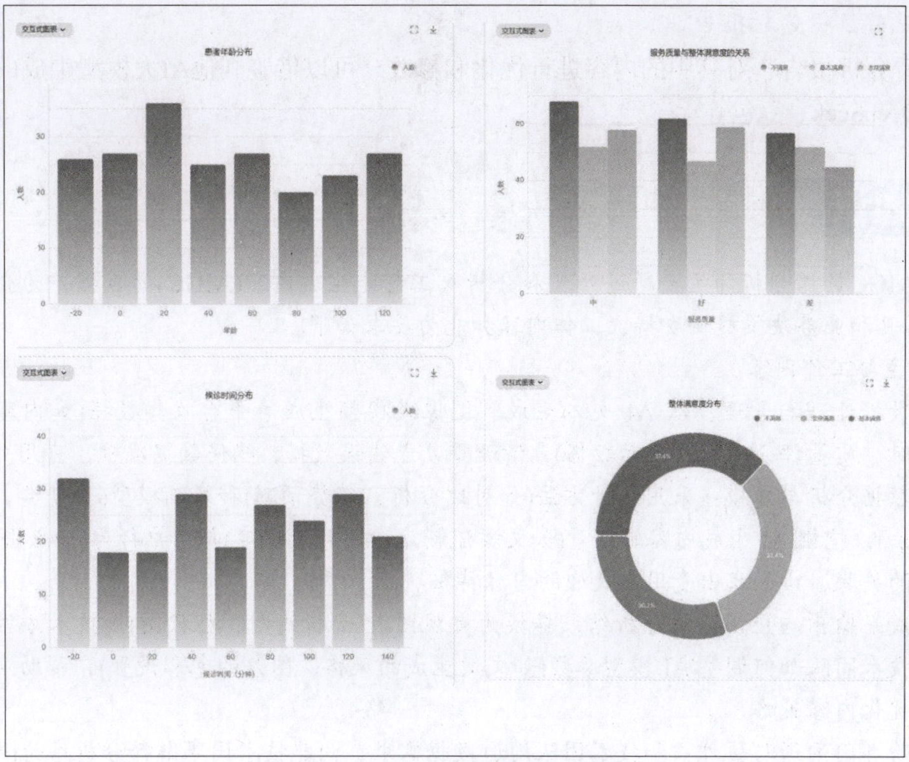

图 7-19　患者满意度数据分析图

改进建议：根据分析结果，提出一些改进建议 >_

结论　　复制

改进建议：

1. 优化就诊流程，减少患者的候诊时间，提高就诊效率。

2. 加强服务质量管理，确保医务人员提供高质量的服务，特别是在慢性病和普通门诊的患者中。

3. 改善医院环境和设施，提高患者的便利性和舒适度，从而提升整体满意度。

通过对患者满意度调查数据的分析，我们得到了以下结论和改进建议：

数据分析结果：

1. **年龄和候诊时间分布**：患者的年龄分布较广，候诊时间存在较大差异，部分患者候诊时间较长。
2. **服务质量与整体满意度的关系**：服务质量对整体满意度有显著影响，服务质量差时，患者的满意度明显下降。
3. **整体满意度分布**：大部分患者对服务的满意度集中在"不满意"和"基本满意"，提升空间较大。

改进建议：

1. **优化就诊流程**：减少患者的候诊时间，提高就诊效率。
2. **加强服务质量管理**：确保医务人员提供高质量的服务，特别是在慢性病和普通门诊的患者中。
3. **改善医院环境和设施**：提高患者的便利性和舒适度，从而提升整体满意度。

这些改进措施有助于提升患者的就医体验和满意度。

图 7-20　患者满意度数据分析报告

3. 完善数据分析报告

查看分析报告，对其中的内容进行优化和修改，可以借鉴其他AI大模型生成的分析报告，如DeepSeek、豆包等。

拓展知识

1. AIGC数据分析师主要通过处理和分析人工智能生成内容(AIGC)的数据，为企业优化AIGC 工具和业务决策提供支持，工作内容和能力要求如下。

(1) 主要工作内容。

- 数据处理与管理：从 AI 文本生成、图像或视频生成等平台收集数据(如内容生成耗时、质量评分、用户互动数据)，清理重复或错误数据，确保数据准确、可用。
- 数据分析与建模：采用统计方法(如对比分析、趋势预测)和基础模型(如分类、分组算法)，挖掘 AI 生成内容的质量(如文案流畅度、图片清晰度)与用户行为(如点击、购买)的关联，比如找出受用户欢迎的内容特征。
- 成果输出与应用：将分析结果转换为直观图表(如折线图、柱状图)或技术方案，告诉技术团队如何调整 AI 模型参数(如文案生成的风格、图片的色彩设置)，帮助业务部门优化内容策略。
- 跨部门沟通与协作：和技术团队沟通数据需求，向非技术同事解释分析结论(如 AI 内容哪里需要改进、对业务有什么影响)。

(2) 核心能力要求：会用电子表格软件(如 Excel)清洗数据(筛选异常值、填补缺失信息)，能从 AIGC 平台提取数据(如生成任务的成功率、用户反馈数据)；熟悉数据分析软件，具有数据分析的能力。

2. AIGC 数据运营专员主要通过数据驱动 AIGC 工具的落地应用，优化内容生产效率和业务效果，工作内容和能力要求如下。

(1) 主要工作内容。

- 设定效果评估指标：根据业务需求(如电商卖货、教育题库)制定 AI 生成内容的效果指标(如文案点击率、客服对话解决率、素材生成速度)，方便跟踪和评估 AIGC 工具的使用效果。
- 实时监控与策略调整：每天查看 AI 生成内容的数据(如海报点击量、商品描述转化率)，发现问题(如某时段内容违规率高、用户点击少)后，立刻调整生成策略(如修改关键词、更换投放时间、优化生成模板)。
- 优化流程与协作沟通：根据数据反馈改进工作流程(如减少低效率的内容生成)，告诉技术团队工具哪里不好用(如生成格式错误)，把好用的经验分享给业务同事(如哪种 AI 文案卖得更好)。
- 评估工具价值：从 AIGC 平台导出数据(如生成内容的数量、成本)，对比用 AI 和人工的效果(如效率提升多少、省了多少钱)，为企业要不要继续用或升级工具提供依据。

(2) 核心能力要求：熟悉业务数据，了解所在行业的关键数据和数据趋势；熟悉主流

AIGC工具的基本功能，能把数据结论转化为具体行动；具有良好的沟通与学习能力，积极学习AIGC工具。

作业与测评

1. 使用问卷星等零代码数据收集工具收集班级同学对本学期几门核心课程教学质量的评价，然后对数据进行初步清洗，检查里面是否有错误的数据、空行、不合理的异常数据，最后对数据进行修改。

2. 对生成的课程教学质量评价数据进行可视化数据分析，生成可视化报告。报告中包括基本特征分析、关联性分析、情感分析等内容。

3. 结合本项目所学 AIGC 数据分析的知识和各项能力， 以及你对本人未来就业岗位的了解，深入思考在未来的就业岗位中，AIGC 数据分析技术可能会用于哪些具体的应用场景中？请至少列举3个场景，并对AIGC数据分析技术带来的影响进行简要分析。

项目 8 图像生成实践

案例导学 “校园运动会”海报设计

场景描述

校学生会接到紧急任务，需要在24小时内完成校园运动会的主海报设计

- 主视觉图：包含动态运动场景，如百米冲刺、跳高等
- 风格：带有赛博朋克视觉风格，须融入校徽元素
- 尺寸要求：A3竖版(高清输出)
- 当前困境：设计部成员软件使用能力有限，难以快速完成复杂设计务

解决思维

问题：生成海报 → 困难：时间紧、技能薄弱 → 方案：使用AIGC生成海报 → 工具：即梦AI、可灵AI、豆包等 → 优势：快速生成初版海报，通过提示词定义需求

解决方案

AIGC图像生成

- 工具：选择适合运动会海报的图像生成工具
- 提示词：根据海报要求设计提示词
- 优化：在初版海报的基础上进一步优化

本项目将引导学生掌握AIGC图像生成流程、常用工具的选择方法、提示词编写优化技巧，快速产出校园风格的宣传海报。

学生讨论

1. 传统设计流程通常包括哪些步骤(如构思 → 草图 → 建模和绘图 → 调整 → 出图)? AIGC可以在哪些环节替代人工，可以节省多少时间?

2. 如何避免AI生成的内容侵权，例如误生成了知名运动员、品牌logo等图片? 是否需要筛查?

3. 如果最终生成的图像与预期不符，可以如何调整? 提示词的哪些细节对图像风格影响最大?

学习导图

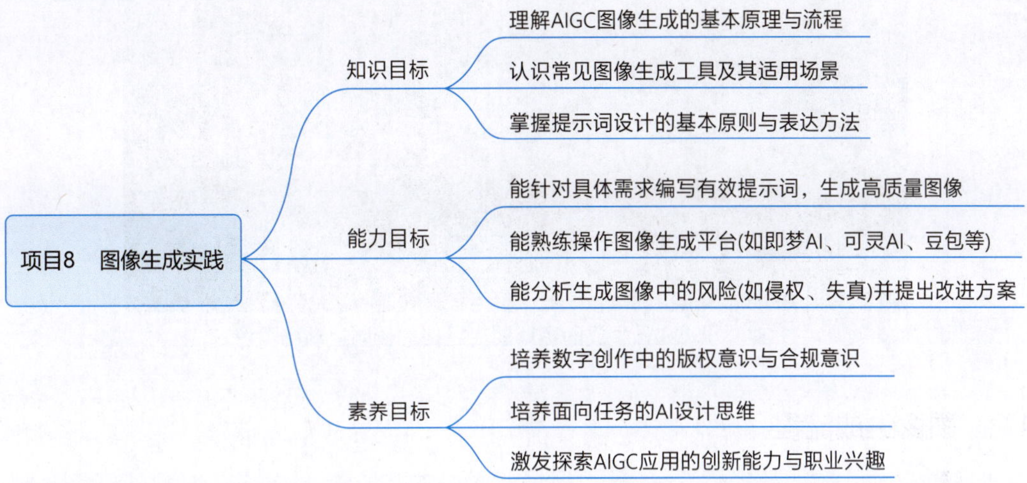

知识学习

8.1 AIGC图像生成

8.1.1 基本概念

AIGC是指利用人工智能技术，快速生成文本、图像、视频、音乐等多种内容的方法。本项目专门讨论AIGC图像生成。

简单来说，AI图像生成就是“告诉AI你想要什么样的图，AI快速给你画出来”。例如，输入提示词“赛博朋克风格的校园运动场”，AI很快就能生成符合描述的图像，如图8-1所示。

图 8-1 即梦 AI 生成的赛博朋克风格的校园运动场图像

8.1.2 图像生成流程

AIGC生成图像的一般流程如图8-2所示。

1. 确定需求

明确要生成的图片风格、内容、尺寸、用途等。

2. 提示词编写

输入清晰、具体的描述文字，告诉AI工具你想生成什么样的图像。

3. 工具生成

选择并使用AI工具(如即梦AI、可灵AI)生成图像。

4. 图片调整与优化

AI生成图片后，可对生成的图片进行细节调整，或者优化提示词后重新生成。

5. 版权确认与发布

检查生成的图片中是否存在版权或侵犯隐私等问题，确认无误即可下载使用。

图 8-2 AIGC 生成图像的一般流程

8.2　图像生成工具

目前的AIGC图像生成工具有很多，常用的AIGC图像生成工具如表8-1所示。

表 8-1　常用的 AIGC 图像生成工具

工具	图像生成质量与风格	免费使用政策
即梦AI	3.0 模型画质佳，支持 2K 分辨率；风格多样，写实、人像、科幻插画等皆可	注册用户每天送 80 积分
可灵AI	语义精准度高，画质具电影感；支持60多种艺术风格切换(写实、插画等)	每日赠 166 点灵感值，提供基础体验
豆包	模型能力强，细节优秀；支持多风格创作，甚至可生成功能性中文海报	完全免费，无使用次数上限，无须登录即可使用
Midjourney	图像细节极佳，风格广泛(照片级写实、赛博朋克、艺术插画等)	无免费额度，须付费使用

分别使用可灵AI和豆包，输入提示词“赛博朋克风格的校园运动场”生成图像，详见图8-3。同学们可以根据具体要求选择合适的图像生成工具。

图 8-3　即梦 AI 和豆包 AI 生成的图像

8.3　提示词的编写技巧

使用AI工具生成图像时，提示词就像你给AI下的“指令”，提示词越清晰、具体，AI生成的图就越符合你的想法。

8.3.1　图像生成提示词的要素

我们可以把提示词想象成“写给AI的图像描述句”，它通常包括5个核心要素，详见表8-2。

表 8–2　提示词的核心要素

序号	要素	说明	示例
1	主体(谁)	明确主要对象	一位正在奔跑的学生
2	动作(干什么)	描述发生的行为	百米冲刺中，动作迅猛
3	场景(在哪里)	指明背景环境	校园运动场，观众在远处
4	风格(什么风格)	说明画面风格	赛博朋克风格，霓虹灯光
5	细节(画面细节)	控制颜色、角度、构图	蓝紫色调，A3 竖版，全身照，背景有校徽

完整提示词示例：

一位正在百米冲刺的男生，身穿校服，校园运动场背景，赛博朋克风格，蓝紫色霓虹灯，A3 竖版构图，背景带有校徽元素。

生成效果见图8-4。

图 8-4　生成效果图

8.3.2　初学者写提示词的技巧

初学者写提示词时，可以介绍画面整体主题，再逐步补充风格、细节，不必一口气写得太长。AI生成图像是“试出来”的，不同提示词的组合会有意想不到的惊喜。

适合入门者使用的提示词模板：在【地点】的【人物】正在【动作】，背景是【场景细节】，画面风格为【风格】，颜色以【色调】为主。

示例：

在教学楼前的男生正在跑步，背景是运动场和观众，画面风格为插画风，蓝白色调。

记住，提示词不是越长越好，而是越清晰、越具体，则越有效。

8.3.3　提示词的优化

使用AI工具生成图像的过程中，初学者常会遇到一些问题。别担心，这些问题其实很常见，只要掌握一些小技巧就能轻松解决，详见表8-3。

表 8–3　AI 图像生成的常见问题

常见问题	可能原因	解决办法
风格不对	提示词太模糊	加入明确风格词（如写实、插画、赛博朋克）
人物畸形	构图不清或模型弱	使用“全身照”等结构词，选择高质量工具
涉及侵权	使用了真实人物或 IP	避免具体名称，检查输出内容
尺寸错误	未写比例	明确构图要求或选择合适的尺寸
内容跑偏	提示词太抽象	将抽象的词语换成具体动作或场景描述，多尝试

实训任务

任务1 生成“校园风景摄影大赛”海报(DeepSeek+即梦AI)

【任务目标】

集合两个AI平台的优点，设计一张具有清新、自然风格的校园活动海报，用于张贴与线上宣传。

【任务要求】

- 主题突出“校园风景”和“摄影元素”。
- 风格为写实插画或高清写实。
- 添加校名、比赛时间、报名方式等信息。
- 输出分辨率符合A3竖版打印标准。

【任务步骤】

(1) 用DeepSeek生成提示词。在DeepSeek平台输入“校园风景摄影大赛海报”“清新写实风格”等关键词，自动生成详细的中文提示词，选择一条最符合需求的提示词作为本次任务的输入。

(2) 用即梦AI生成主视觉图。将DeepSeek生成的提示词复制到即梦AI平台，选择写实或插画风格、A3竖版等参数，生成主视觉图片，并下载高清图像。

(3) 使用排版工具完善海报。将AI生成的主图作为海报底图，利用创客贴、稿定设计等排版工具，添加标题、校名、比赛时间、报名方式等信息，调整整体布局。

(4) 导出海报与提交。检查海报内容和图片质量，导出为高清图片或PDF，提交最终海报、所用提示词并生成主图。

任务2 用AI生成电商平台节日促销素材

【任务目标】

设计一组适合在春节等节日期间使用的促销视觉素材，用于电商平台首页或社交媒体展示。

【任务要求】

- 风格统一，构图简洁。
- 可选横版或竖版，尺寸符合H5或电商App要求。

【任务步骤】

(1) 明确促销主题与风格要求。确定本次促销素材所针对的节日(如春节)，设定整体风格(如红色喜庆、现代简约等)，并明确素材为横版或竖版，要求适合电商平台首页或App展示。

(2) 撰写节日促销提示词。结合节日元素(如红包、灯笼、折扣标签等)，撰写详细的AI提示词。可以借助DeepSeek平台生成或优化提示词，使其表达清晰、风格突出。

(3) 用即梦AI或豆包生成促销图片。将提示词输入即梦AI或豆包平台，选择合适的风格和尺寸参数，生成多张不同的节日促销图，挑选效果最佳的作品并下载高清图片。

(4) 导出与提交。检查所有素材的尺寸、内容和风格是否符合H5要求的格式，提交每张图片所用提示词及最终成品图片。

任务3 游戏工作室用Midjourney设计角色原画

【任务目标】

使用Midjourney生成一组原创游戏角色设定图，要求风格统一、细节突出、人物个性鲜明。

【任务要求】

- 选择一个角色主题(如“未来战士”“古风刺客”)。
- 明确人物设定：性别、服饰、武器、背景故事。
- 提示词要求使用英文，并添加细节与风格控制参数。

【任务步骤】

(1) 设定角色主题与人物信息。选定本次设计的角色主题，并明确角色的性别、服饰、武器、性格和背景故事等基本信息。

(2) 撰写英文角色设定提示词。根据设定内容，撰写英文AI提示词，包括角色外观、服饰风格、动作姿态、情感气质等，同时可加入风格控制参数。

(3) 在Midjourney平台生成原画。将英文提示词输入Midjourney平台，选择合适的参数，生成多张不同风格的角色原画图，挑选细节表现最符合设定的图片并下载保存。

(4) 整理与完善角色设定文档。将生成的原画图片与文字设定说明整理成角色设定文档，内容包括角色定位、主要特征和应用场景等，便于展示和团队交流。

(5) 导出与提交。检查图片清晰度与内容完整性，导出为高清图片和角色设定文档，作为本任务的成果进行提交。

拓展知识

随着AIGC工具广泛应用，传统“PS+美术功底”的设计岗位正在被更具“工具整合+内容理解”能力的新型人才替代。新媒体美工岗位不仅要求能使用AI生成图像，更要求具备以下技能。

- 精通图像生成工具，如即梦AI、Midjourney等。
- 理解社交平台视觉风格趋势(如小红书、抖音)。
- 能结合内容策划，快速产出视觉传播素材。
- 熟悉平台图像尺寸与投放要求。
- 具有良好的版权与视觉审美意识。

作业与测评

1. 从“校园摄影大赛海报”“节日促销图”“角色原画”中任选一项，完成提示词编写、AI图像生成、图像排版设计，提交最终作品。

2. 请结合本项目的学习内容，回答以下问题：使用AI生成图像时，提示词编写有哪些注意事项？如果要将AI生成的图像用于商业宣传，需要注意哪些合规问题？对比传统设计流程，AIGC能在哪些方面提升效率？

项目 9 语音应用实践

案例导学 校园广播站“AI 主播”

场景描述

校园广播站每日须制作3档节目，面临以下问题

- 午间新闻：人工录音耗时，无法快速生成突发事件报道
- 失物招领：文字转语音机械、生硬，缺乏亲和力
- 点歌台：无法模仿学生喜爱的动漫角色声线

解决思维

问题：制作广播节目 → 数据：文本信息 → 算法：TTS、NLG → 工具：讯飞配音 → 应用：广播音频

解决方案

部署校园广播站AIGC播报系统

- 新闻播报智能化(午间新闻：突发稿件即时转语音，标准主播音色)
- 通知传递情感化(失物招领：具有亲和力的AI音色，温馨提示语调)
- 娱乐互动个性化(点歌台：动漫或特色音色模仿，提升趣味性)

AI新闻播报快速生成：接收新闻稿件文本(或通过自然语言处理技术辅助快速由事件信息生成稿件)，利用先进的神经TTS技术，快速将其转换为流畅、自然的标准播音员语音。系统可

预设多种播音风格(如正式、轻松)，并支持对语速、语调进行调整，确保突发新闻能在短时间内生成高质量的播报音频，显著提升新闻播报的时效性。

AIGC亲和力语音播报：专注于提升通知类信息(如失物招领、校园通知)播报的人性化程度。通过选择或训练具有更高自然度和情感表现力的TTS音色库(例如，更温柔、更关切的语调)，将输入的失物招领文字信息转换为听感更舒适、更易于接受的语音。AIGC可以分析文本内容的情感倾向，并自动匹配合适的语音风格，增强信息的传递效果和人文关怀。

个性化声线定制与播报：为满足点歌台等娱乐性节目对特定声音的需求，集成语音克隆或语音风格迁移技术，支持学生成员上传少量目标声音样本，系统通过学习样本特征，能够将点歌祝福语等文本内容以特定声线进行播报。这极大地丰富了节目的趣味性，提升了听众的互动体验和喜爱度。

学生讨论

1. 请同学们结合自身经验，深入探讨传统的语音内容制作过程中(例如，录制有声书、广告配音、课程讲解、客服语音等)，通常会遇到哪些痛点或瓶颈？

2. 讨论AI语音生成技术可能为传统录音流程带来哪些显著的效率提升和模式创新？

3. 请同学们批判性地思考，广泛应用AI语音生成技术可能会带来哪些潜在的风险或值得关注的问题？

学习导图

- 项目9　语音应用实践
  - 知识目标
    - 掌握AIGC语音生成的基本原理、分类及主流工具平台
    - 理解AIGC语音生成流程及长文本、高表现力、声音克隆、多语言等进阶技术
    - 思考AIGC语音应用的版权、伦理规范与发展趋势
  - 能力目标
    - 具备针对语音播报、有声书等实际场景的AIGC技术选型与方案设计能力
    - 熟练运用AIGC语音工具完成语音生成、编辑优化及特定应用
    - 培养对AIGC语音输出效果的批判性评估、优化及应用合规性审查能力
  - 素养目标
    - 树立AIGC语音应用中的版权意识与伦理责任感
    - 培养在AIGC语音应用领域的创新思维与问题解决能力，适应技术发展
    - 激发对AIGC语音技术的探索热情，培养科技自信与自主创新精神

知识学习

9.1 基本原理与步骤

AIGC生成音频主要依赖深度学习模型，尤其是生成对抗网络、Transformer架构和扩散模型(diffusion model)。这些模型通过训练大量的语音数据，学习如何将文本转换为自然、流畅的语音。AIGC生成音频的过程大致分为四步，如图9-1所示。

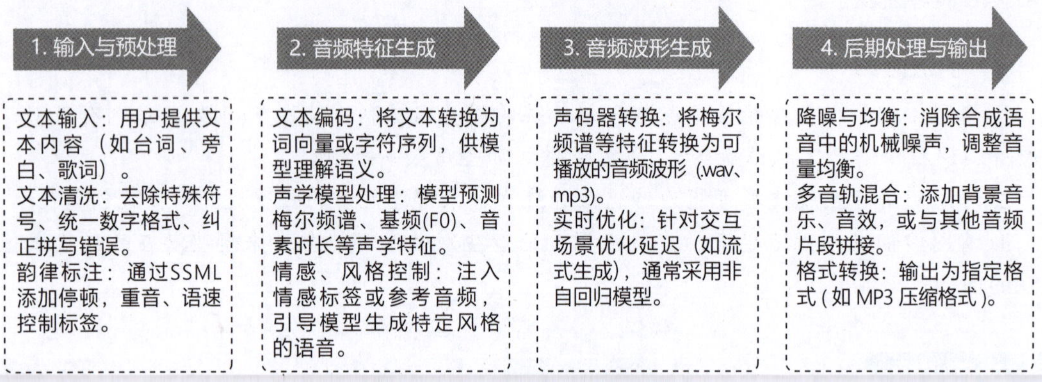

图 9-1 AIGC 生成音频的步骤

9.2 核心技术与术语

AIGC生成音频的技术主要涉及语音识别、语音合成、音乐制作和声音处理四大类。

1. 语音识别

语音识别(Automatic Speech Recognition，ASR)融合了声学、语言学、数字信号处理、模式识别等技术，主要任务是将人类的语音信号转换为文字信息，支持多语言识别与实时交互。常用模型与术语参见表9-1。

表 9-1 语音识别技术的常用模型与术语

模型与术语	作用
声学模型	将语音信号映射为音素或字符序列，提取梅尔频谱等声学特征，常用于智能助手、会议转录
语言模型	结合上下文预测文本序列，提升识别准确率，如 N-gram、Transformer，常用于语音输入法、实时翻译
端到端模型	直接输入语音、输出文本，简化传统 ASR 流程，如 DeepSpeech、Whisper，常用于多语言识别、低资源场景
梅尔频谱	模拟人耳听觉特性的声学特征表示，用于模型训练与推理，常用于语音信号预处理
流式识别	实时处理语音输入，低延迟响应，如车载语音指令，常用于智能家居、实时交互

2. 语音合成

语音合成(Text-to-Speech，TTS)是将文字信息转换为语音信息，其目标是让计算机能够像人类一样朗读文本内容，甚至在某种程度上模仿不同语调，进行不同情感的表达。常用模型与术语参见表9-2。

表 9-2　语音合成技术的常用模型与术语

模型与术语	作用
声学模型	将文本映射为声学特征，如 Tacotron、FastSpeech，常用于虚拟主播、有声书
声码器	将声学特征转换为波形，如 WaveNet、HiFi-GAN、扩散模型，常用于高保真语音生成
端到端合成	直接输入文本生成语音，简化传统流程，如 VITS、Transformer-TTS，常用于多语言合成、实时播报
韵律控制	通过 SSML 标记或情感标签调节语速、重音、语调，常用于情感化客服语音
音色克隆	通过少量录音复刻目标音色，如 ElevenLabs、标贝悦读，常用于虚拟偶像、个性化配音

3. 音乐制作

音乐制作是利用计算机程序、算法和人工智能模型来生成原创音乐、配乐或适配场景的旋律。常用术语参见表9-3。

表 9-3　音乐制作技术的常用术语

术语	作用
AI作曲	生成旋律、和弦、节奏，如Suno、天工乐府，常用于广告配乐、游戏BGM
和弦隐式表征	通过深度学习模型自动学习和弦规律(准确率92.5%)，常用于多曲风音乐生成
风格迁移	将现有音乐转换为目标风格，如古典转流行，常用于个性化音乐创作
多模态生成	结合文本、图像生成音乐，如CLIP引导作曲，常用于影视配乐、互动艺术
虚拟歌手	AI生成虚拟角色演唱音频，如初音未来，常用于二次元文化、直播互动

4. 声音处理

声音处理是对声音信号进行分析、修改和合成的技术过程，用于优化声音质量、增强声音效果、提取声音特征等。常用术语参见表9-4。

表 9-4　声音处理技术的常用术语

术语	作用
降噪与去混响	消除环境噪声和回声，如iZotope RX，用于录音修复、会议音频优化
实时变声	调整音高、音色模拟特定角色，如Voicemod，用于游戏直播、趣味互动
音频水印	嵌入隐形标识防止AI生成内容滥用，如Suno的无声水印，用于版权保护、内容溯源
跨语言语音合成	用中文音色朗读英文文本，如Google TTS，用于全球化内容制作
情感迁移	将语音的情感风格，如悲伤、兴奋，迁移至合成音频，用于影视配音、数字人交互

9.3 应用场景

AIGC在音频领域的应用正快速渗透从内容创作到用户交互的多个行业，以下是主要应用场景。

1. 影视与娱乐

虚拟主播与角色配音：AIGC技术可生成虚拟角色的自然语音，满足动画、电影及综艺节目的配音需求。

影视配乐与音效生成：利用AI作曲工具(如Deepmusic、AIVA)，可根据剧情需求自动生成背景音乐和音效，大幅降低版权采购成本。

2. 教育与知识传播

有声读物与课件制作：AIGC可将文本快速转换为自然语音，用于制作有声书、语言学习材料及教育课件。

儿童互动内容：AI生成故事、儿歌等内容，结合智能硬件(如智能音箱)，提供互动式学习体验。

3. 智能硬件与车联网

语音助手与交互服务：集成AIGC的智能音箱、车机系统可通过自然语音提供天气播报、新闻摘要等服务。

实时语音播报：在智能驾舱中，AI语音技术可优化指令响应，如座椅调节、空调控制等，提升交互流畅度。

4. 音乐产业与创作

AI作曲与编曲：基于用户输入的旋律或歌词，AI可生成完整乐曲及编曲方案。

虚拟歌手与音乐出版：通过语音克隆技术(如标贝科技、Respeecher)，AI可生成虚拟歌手的演唱音频，应用于二次元、游戏及音乐平台。同时，AI技术可助力音乐人实现“一站式”出版，简化版权管理和收益分配。

5. 广告与营销

个性化广告配音：根据用户画像生成定制化广告语音，提升投放精准度。例如，剪映工具支持AI生成旁白和配乐，快速制作营销短视频。

品牌音色定制：企业可通过AI克隆品牌专属音色，用于品牌宣传片、智能客服等场景，强化品牌辨识度。

6. 游戏与虚拟世界

游戏角色语音与配乐：AI可生成NPC对话语音及动态背景音乐，增强游戏沉浸感。例如，腾讯音乐与Amper Music合作，为游戏提供实时生成的配乐。

元宇宙与虚拟社交：虚拟数字人通过AI语音技术实现自然对话，应用于社交平台(如微博的AI机器人“罗伯特”)、虚拟演唱会等场景，推动虚实交互创新。

9.4 常用工具

AIGC生成音频的常用工具参见表9-5。Google Cloud TTS和Amazon Polly作为国际大厂的解决方案，被广泛应用于全球项目，尤其是需要多语言支持的场景。科大讯飞、标贝悦读适用于中文场景，与iFlyRec(会议记录)常用于校园环境。

表 9-5 AIGC 生成音频的常用工具

工具名称	核心功能	适用场景	费用	说明
科大讯飞	高精度中文TTS、多音色选择、情感控制	有声书、广告配音、教育课件	免费试用，商用须付费	支持中文，提供教育优惠，适合本土化需求
Google Cloud TTS	多语言TTS(含中文)、神经语音合成、自定义音色	虚拟助手、多语言播报、全球化应用	有免费额度，按量付费	支持100多种语言，集成Google生态，适合开发者
Amazon Polly	多语言TTS、语音风格化(如新闻、对话)、SSML支持	智能客服、有声内容、跨平台应用	提供免费层，按需付费	提供神经语音技术，支持实时流式合成
Murf AI	AI语音生成、多角色对话、情感化配音	视频旁白、企业培训、多语言内容制作	免费试用，高级功能须订阅	提供120多种音色，适合非技术用户快速生成高质量配音
Descript	语音克隆、文本编辑音频、多人协作配音	播客制作、视频配音、音频修复	免费版(功能受限)，专业版订阅	支持以文本编辑音频，适合内容创作者
标贝悦读	中文TTS、声音克隆、多角色配音	校园广播、有声读物、个性化语音定制	免费试用，商用须授权	针对中文场景优化，提供教育机构合作方案
Voicemod	实时语音变声、音效添加(如机器人、卡通音)	游戏直播、虚拟角色配音、趣味互动	免费基础版，高级音效须付费	低延迟实时处理，适合娱乐场景
Lovo.ai	AI语音生成、情感控制、多语言支持(含中文)	广告配音、动画角色、多语言教育内容	免费试用，按生成时长付费	提供“情感引擎”，可调节语音的喜怒哀乐
iFlyRec	语音转写、TTS合成、会议记录	会议纪要、课程录音转文字、语音助手	部分功能免费，高级服务须付费	集成ASR和TTS，适用于办公与教育场景
ElevenLabs	高保真语音克隆、多语言支持、情感合成	影视配音、虚拟偶像、个性化语音交互	免费试用(限额)，商用订阅	以音色克隆见长，须注意版权合规
录咖(RecCloud)	一站式音视频处理、多语言字幕与翻译	教育、短视频创作	基础功能免费，高级订阅	适合个人创作者

实训任务

任务1　制作“失物招领”通知

校园广播站需要制作一则失物招领通知，希望声音清晰、亲切、略带提示性，能够有效引起师生注意。使用AI配音可以快速、标准地完成此任务。

(1) 打开并登录讯飞智作网页版(https://www.xfzhizuo.cn)。在首页导航栏中，单击“讯飞配音”选项卡，进入专门的AI配音工作界面，如图9-2所示。

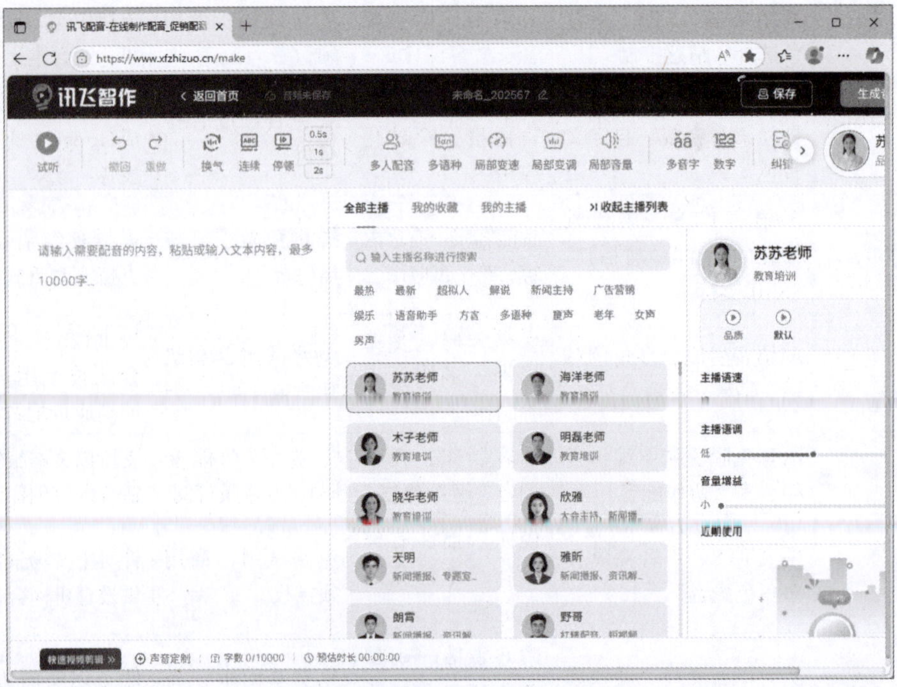

图9-2　AI配音工作界面

(2) 在AI配音工作界面中，下方的文本编辑区域为空白。将准备好的“失物招领”广播稿文本复制并粘贴(或直接输入)到该空白文本框中。

> 亲爱的老师、同学们，大家好！这里是校园广播站失物招领栏目。
>
> 现有同学在教学楼三楼走廊拾到黑色保温杯一个(品牌：××××，贴有卡通贴纸)，在操场篮球架下捡到一串钥匙(挂有蓝色钥匙扣)，在食堂二楼餐椅上发现一本笔记本(封面为绿色，内页写有班级和姓名)。请遗失物品的同学尽快到广播站认领，也请知情者相互转告。
>
> 温馨提示：请大家妥善保管个人物品，离座时注意检查随身携带的物件。如有拾获物品或丢失物品需要广播，可随时联系广播站值班室。
>
> 感谢大家的配合，祝同学们学习愉快！我们下次再见！

(3) 输入文本后，单击工具栏上的“停顿”按钮，根据段落或标点符号添加停顿时间(0.5秒)，如图9-3所示。

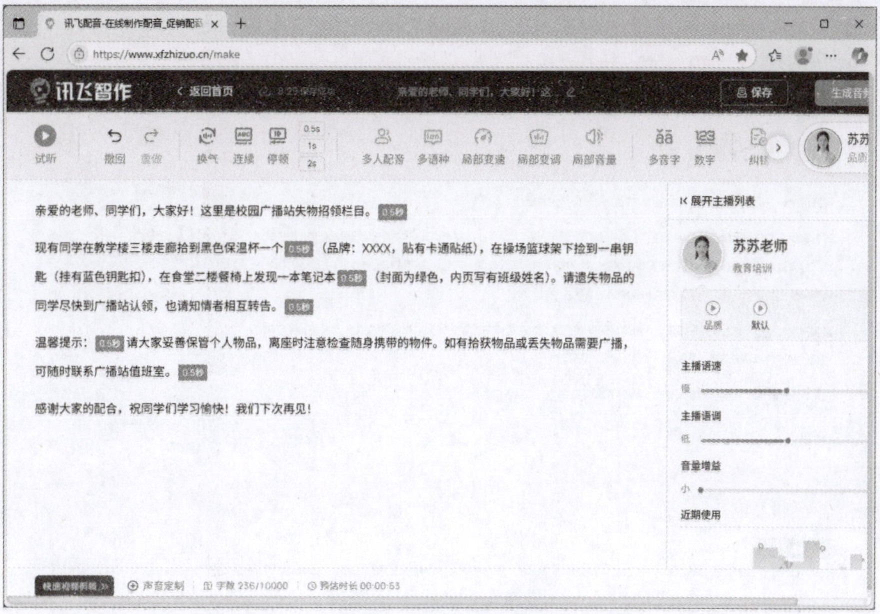

图 9-3　录音文本设置

(4) 单击界面右侧参数配置面板中的“展开主播列表”按钮，展开包含所有主播角色的音色列表。根据需求选择不同分类(如“新闻”“解说”等)和性别。本任务需要清晰、亲切的播报风格，经过试听比较，选择“新闻主持”类别下“新闻”分组中的“悦宁”音色，其特点是音色圆润明亮，甜美婉转，适合播报校园广播通知，如图9-4所示。选中主播后，单击“收起主播”按钮，隐藏主播列表，只显示当前选定的主播信息，如图9-5所示。

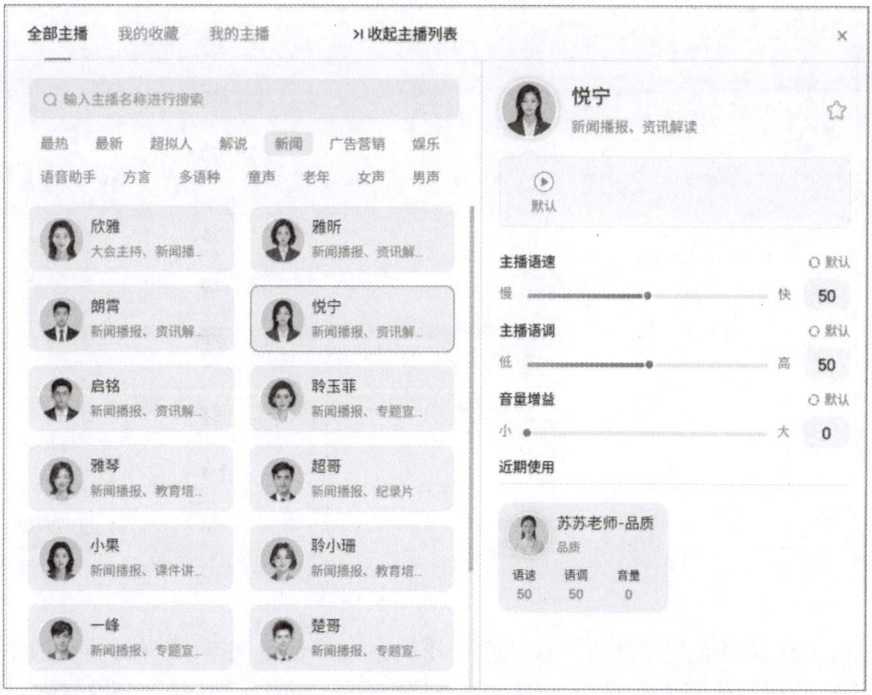

图 9-4　展开主播列表

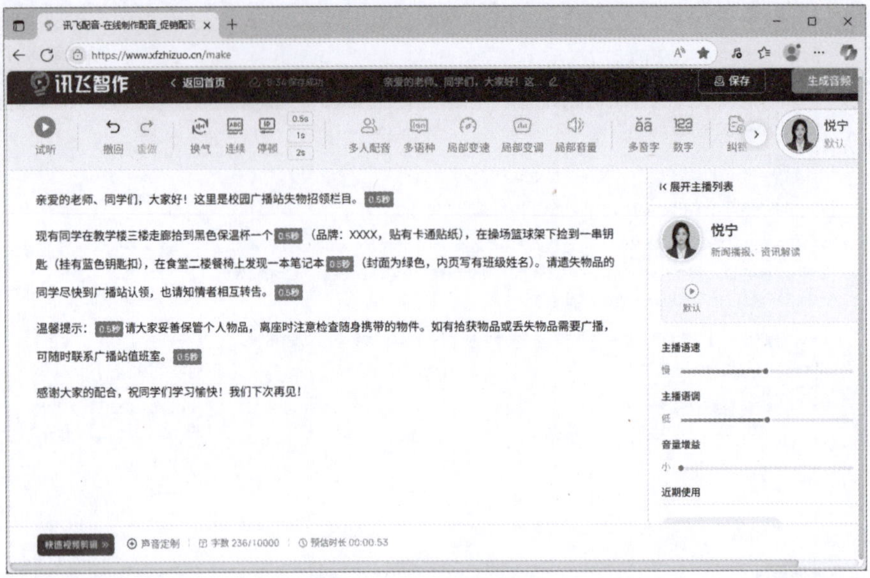

图 9-5　完成主播选择

(5) 本任务不需要复杂的情感调整，但可以根据需要在参数配置面板中移动滑块微调语速、音调、音量、情绪等参数的值，使播报效果更符合预期。若文本中有特别需要强调的部分，可选中文本，使用工具栏中的“局部变速” “局部变调” “局部音量”添加强调。

(6) 为了让广播听起来更柔和，可以添加背景音乐。单击工具栏中的“背景音乐”按钮，打开“背景音乐”对话框，试听并选择一个合适的背景音，如“轻松欢快音乐2(Playful Mood)”，如图9-6所示。通常音量会默认设置得较低，以免干扰主语音。单击“使用”按钮，关闭对话框。

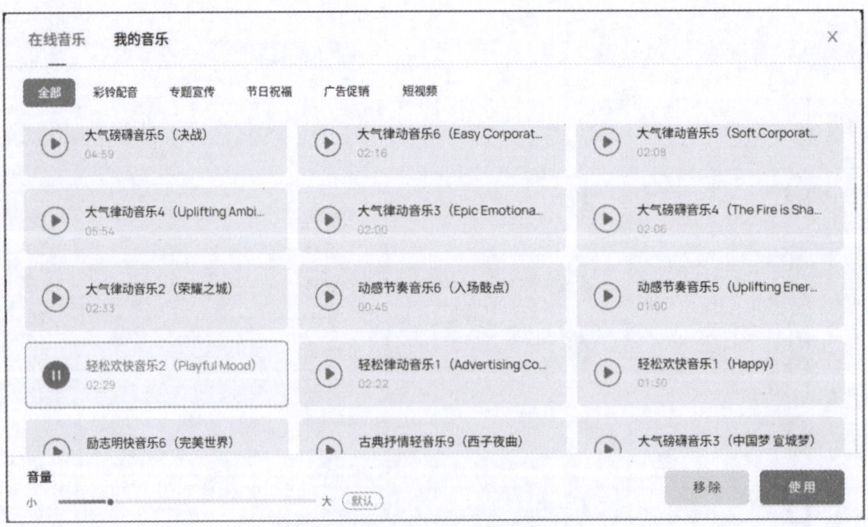

图 9-6　选择背景音乐

(7) 单击工作界面上的“试听”按钮▶，系统会合成选定文本(或光标所在段落)的音频。仔细聆听合成效果，检查发音是否准确、语速是否合适、情感(即使是中性播报也应有自然的抑扬顿挫)是否恰当、背景音是否和谐。若不满意，返回步骤(4)进行调整。

(8) 确认效果满意后，单击工具栏右上角的“生成音频”按钮，在弹出的“作品命名”对话框中输入音频文件的名称“失物招领”，如图9-7所示。在“格式”选项组中选择高品质无损格式wav，以确保达到专业广播所需的最佳音质。此外，若此音频将用于视频制作，可以勾选“同步生成srt字幕文件”复选框导出字幕。单击“确认”按钮，开始下载文件。下载完成后，即可在本地找到名为“失物招领.wav”的音频文件。

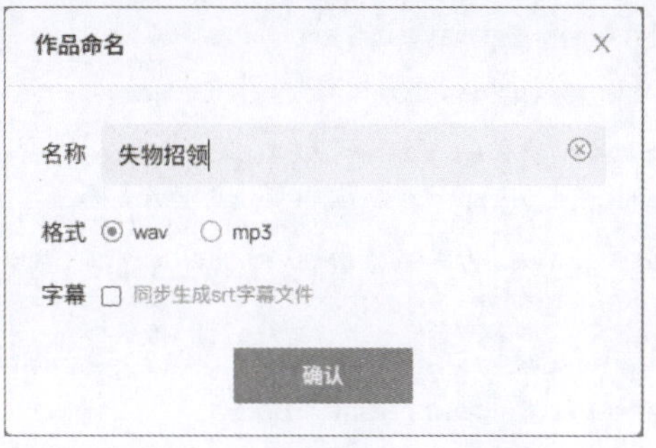

图 9-7 “作品命名”对话框

任务 2 制作“午间新闻”节目

校园广播站策划了一档“午间新闻”节目，由一男一女两位主持人搭档播报。为了提升节目的生动性和专业感，决定使用AIGC的多人配音功能来制作。

(1) 打开并登录讯飞智作网页版，单击“讯飞配音”选项，进入AI配音工作界面。

(2) 进入AI配音工作界面，将准备好的“午间新闻”双人主持稿粘贴到文本编辑框中。确保文本中已清晰区分两位主持人的发言段落。

> 亲爱的老师们，同学们，中午好！这里是校园广播的“午间新闻”时间，我是主持人阳光。
>
> 中午好，我是主持人晨曦。很高兴又在午间和大家相约，一起关注校园内外的新鲜事。
>
> 好的，晨曦。首先为大家带来一条校园快讯。本周五下午，我校将在大礼堂举行“科技创新小能手”颁奖典礼，届时将表彰在近期科技比赛中获奖的同学和优秀指导老师。欢迎同学们到场观摩，感受科技的魅力。
>
> 哇，听起来就很棒！相信这会激励更多同学投身到科技创新的行列中。阳光，我还听说最近学校图书馆新到了一批热门图书，是吗？
>
> 没错！图书馆为了丰富同学们的课余生活，特意采购了一批最新的文学、科普以及人物传记类书籍，目前已经上架。有兴趣的同学可以利用午休或者课后时间去看看，遨游在知识的海洋里。
>
> 太好了！这真是个好消息。温馨提醒一下大家，借阅图书时请爱护书籍，并按时归还哦。
>
> 好的，以上就是本期午间新闻的主要内容。感谢大家的收听。
>
> 祝大家午餐愉快，下午学习精神百倍！我们下期再见！

(3) 输入文本后，如图9-8所示。

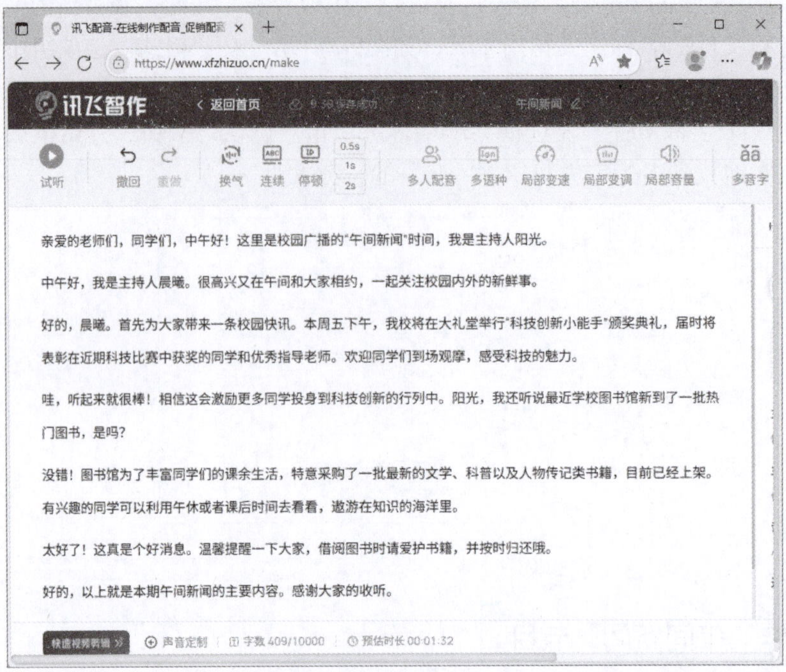

图 9-8 输入需要配音的文本

(4) 讯飞智作可以根据需要在段落之间或特定位置调整停顿。为了在节目名称"午间新闻"前后增加短暂的停顿以示强调，分别将光标定位在"午间新闻"前后，使用工具栏中的"停顿"按钮添加停顿时长(0.5秒)，如图9-9所示。

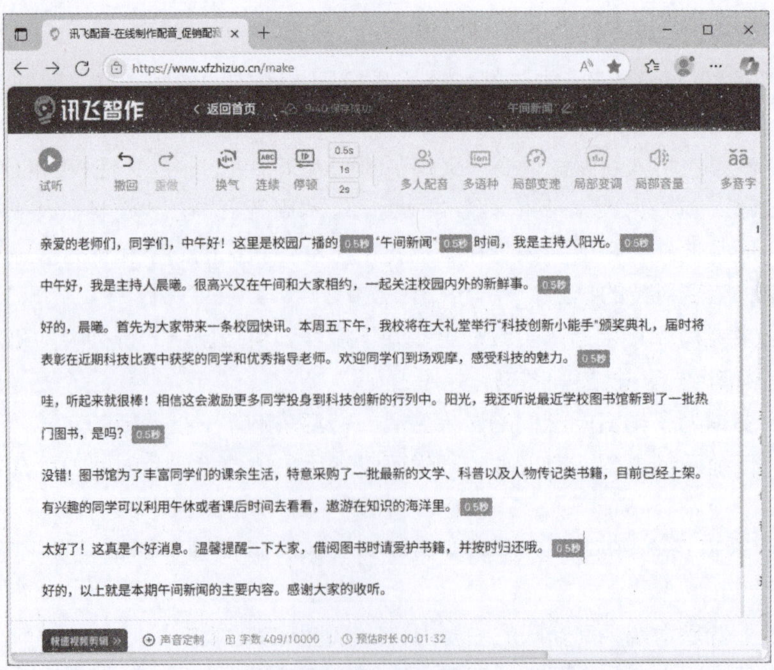

图 9-9 添加停顿

(5) 选中第一段文本，单击工具栏中的“多人配音”按钮，在弹出的主播选择面板中，筛选或浏览找到合适的男声音色。经过试听，选择“朗霄”作为主持人阳光的声音，如图9-10所示。单击“使用”按钮，确认主播选择，通常选中的文本段落前会出现该主播的图标或标记。

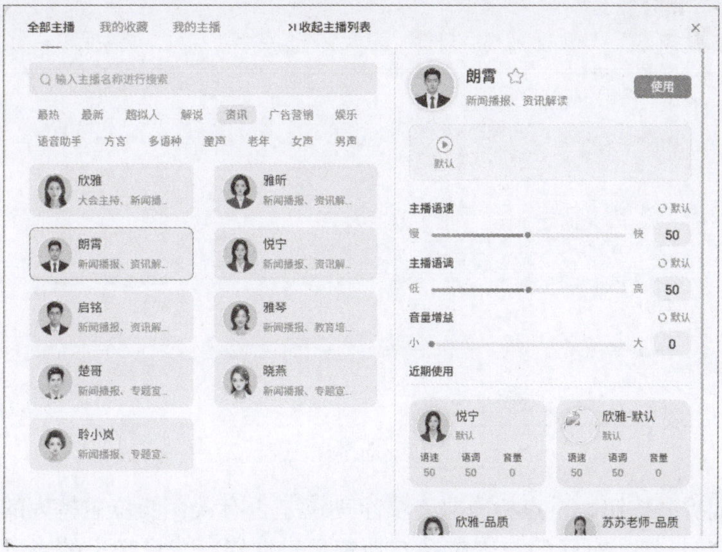

图 9-10　选择主播

(6) 选中第二段文本，再次单击工具栏中的“多人配音”按钮，选择一个合适的女声音色，例如“欣雅”，作为主持人晨曦的声音。

(7) 依次选中后续每一段发言，重复上述操作，将阳光的发言全部分配给“朗霄”，将晨曦的发言全部分配给“欣雅”。完成后，整个文本区域应能清晰看到不同段落被分配给了不同的主播，如图9-11所示。

图 9-11　发言分配结果

(8) 为了营造新闻节目的氛围，可以添加背景音乐。单击“背景音”按钮，打开“背景音”对话框，选择“励志明快音乐5(光芒)”选项(适合片头和片尾)，如图9-12所示。

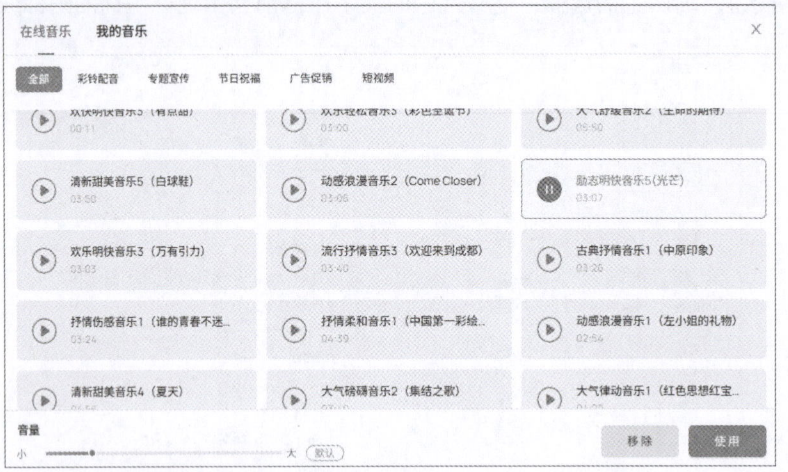

图 9-12　选择背景音乐

(9) 单击“试听”按钮，重点检查录音文字朗读是否有误：两位主持人的音色区分是否清晰，声音切换是否自然，对话的节奏感和互动感是否良好，背景音乐的音量是否合适。如有问题，返回调整音色选择、停顿或背景音。

(10) 效果满意后，考虑到网络传播或存储空间，单击“生成音频”按钮，在弹出的“作品命名”对话框中输入文件名“午间新闻(背景音乐)”，选择格式为MP3。单击“确定”按钮，关闭该对话框。在本地打开下载的音频文件“午间新闻(背景音乐).mp3”进行试听。

任务 3　声音定制版“失物招领”通知

校园广播站为了提升内容的趣味性和吸引力，让“失物招领”栏目听起来不那么单调，决定尝试将由标准女声播报的“失物招领.wav”音频，通过AIGC的声音转换或风格化功能，转换为一种活泼、有趣的卡通音效，以吸引更多学生的注意，并塑造广播站的个性化形象。

(1) 打开并登录标贝悦读网页版，单击“声音转换”选项，进入AI声音转换工作界面。该界面允许用户即时录音或上传已有的音频，并将其转换为平台预设的多种特色音色。

(2) 在界面左侧单击“媒体文件”选项组下的“导入音频”按钮，上传“失物招领.wav”文件。

(3) 界面右侧“选择声音进行转换”选项组下显示了可供转换的目标音色。经过试听，选择听起来活泼、有趣且适合广播站风格的卡通音色“贝克”，如图9-13所示。

(4) 确认目标音色后，单击“开始转换”按钮，平台会利用AIGC算法对上传的“失物招领.wav”进行处理，将其声音特征转换为所选的卡通风格。界面下方的“任务列表”中显示任务转换过程，这个过程可能需要一些时间，具体取决于音频时长和平台处理能力，如图9-14所示。

图 9-13　选择声音进行转换

图 9-14　任务转换

声音转换处理完毕后，平台将提供卡通风格版本的“失物招领”音频，供用户进行在线试听与下载。经过仔细试听，若对转换后的卡通版音频效果满意，用户即可单击“下载”按钮。通常情况下，平台会默认以原始文件名保存下载文件。为便于区分原始音频与经过风格化处理的音频，这里将新生成的文件重命名，修改为“失物招领_卡通版.wav”，如图9-15所示。

图 9-15　失物招领_卡通版.wav

任务4 英文版“失物招领”通知

随着校园国际化程度的提高，学校内有越来越多的外籍师生。为了更好地服务这部分群体，校园广播站计划将一些重要的通知(如“失物招领”)制作成多语言版本。本任务利用讯飞智作的多语言配音功能，制作一个英文版本，以方便不熟悉中文的师生获取信息，体现校园的人文关怀和国际化视野。

(1) 打开并登录讯飞智作网页版，单击“讯飞配音”选项卡，进入专门的AI配音工作界面。

(2) 在AI配音工作界面中，下方的文本编辑区域为空白。将准备好的“失物招领”广播稿文本复制并粘贴(或直接输入)到该空白文本框中。

> 亲爱的老师、同学们，大家好！这里是校园广播站失物招领栏目。
>
> 现有同学在教学楼三楼走廊拾到黑色保温杯一个(品牌：××××，贴有卡通贴纸)，在操场篮球架下捡到一串钥匙(挂有蓝色钥匙扣)，在食堂二楼餐椅上发现一本笔记本(封面为绿色，内页写有班级姓名)。请遗失物品的同学尽快到广播站认领，也请知情者相互转告。
>
> 温馨提示：请大家妥善保管个人物品，离座时注意检查随身携带的物件。如有拾获物品或丢失物品需要广播，可随时联系广播站值班室。
>
> 感谢大家的配合，祝同学们学习愉快！我们下次再见！

(3) 选择全部文本，单击工具栏中的“翻译”按钮，弹出“文本翻译”对话框。在“语言类型”下拉列表中选择“英文”，对话框左侧“原文”区域显示原始中文文本，右侧“智能翻译”区域显示英文翻译结果，如图9-16所示。单击“替换原文”按钮，弹出“提示”对话框(见图9-17)，确认文本区域显示的是英文版“失物招领”广播稿，如图9-18所示。

图9-16 “文本翻译”对话框

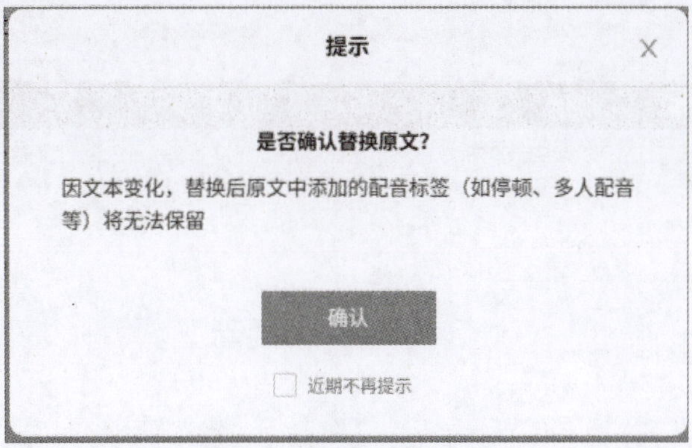

图 9-17 “提示”对话框

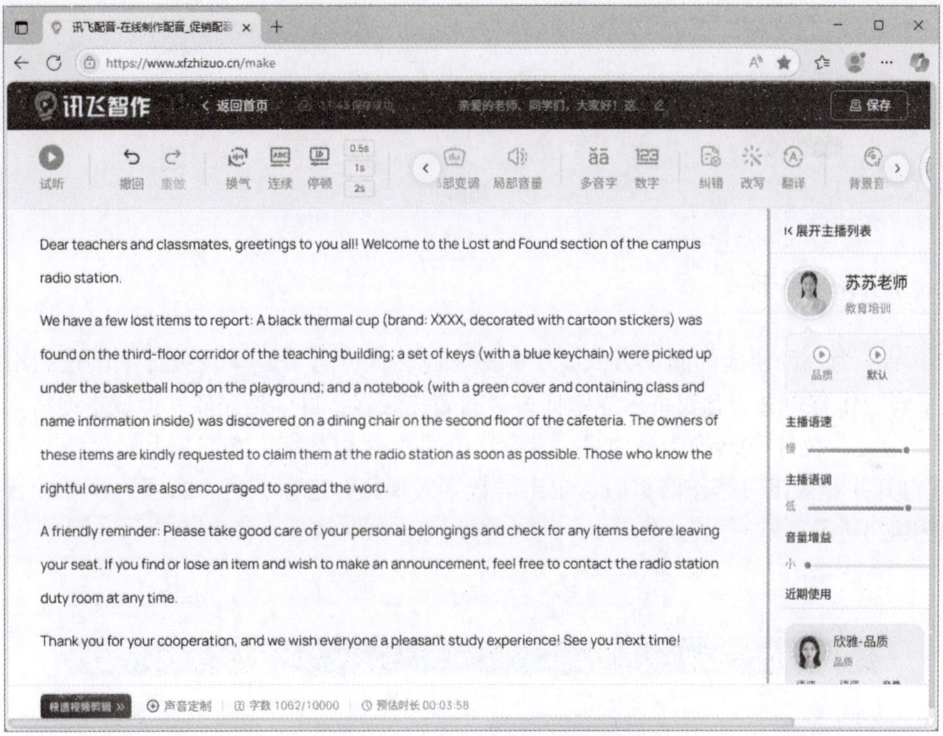

图 9-18 替换为英文版广播稿

(4) 在界面右侧的参数配置面板中，在“多语种”下选择“英语”分类。在所选的外语主播分类下，浏览并试听不同的英文男声或女声音色。选择一个发音标准、语调自然、风格适合校园广播通知的英文主播角色(如Linda美式英语女声)，如图9-19所示。根据平台特性，通常外语主播无法正确朗读中文文本，同样中文主播也无法标准地朗读外文文本。 因此，务必确保输入的文本语言与所选主播的语言能力相匹配。

(5) 与制作中文版类似，可以根据需要调整语速、音调、音量等参数，使英文播报更自然、流畅。单击“试听”按钮，仔细聆听英文版“失物招领”的声音效果。确认效果满意后，单击“生成音频”按钮。选择合适的音频质量“高品质无损wav格式”，将文件命名为“失物招领_英文版. wav”。

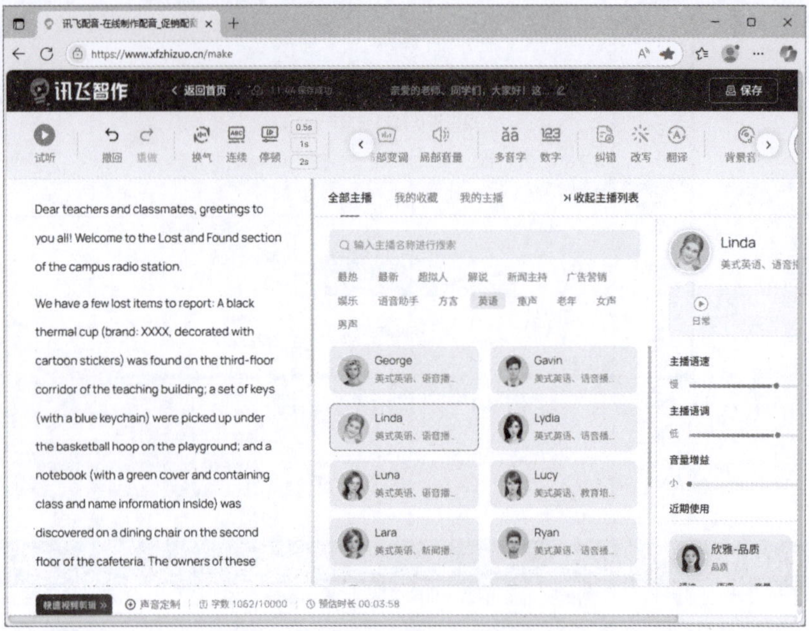

图 9-19　选择英语主播

任务 5　制作有声书

有声书作为一种便捷的阅读方式，受到越来越多人的喜爱。本任务详细阐述利用讯飞智作在线平台制作有声书《念奴娇·赤壁怀古》的完整流程。目标是高效、低成本地将文本作品(如小说、散文、教材等)转换为高质量、富有情感的数字人(数字人在屏幕上显示)有声读物。

(1) 打开并登录讯飞智作网页版，单击“数字人视频”选项，进入数字人视频配音工作界面，如图9-20所示。

图 9-20　数字人视频配音工作界面

(2) 将下面的内容粘贴到文本编辑框中，在工具栏的“尺寸”下拉列表中选择“16:9”，如图9-21所示。

念奴娇 · 赤壁怀古
大江东去，浪淘尽，千古风流人物。
故垒西边，人道是，三国周郎赤壁。
乱石穿空，惊涛拍岸，卷起千堆雪。
江山如画，一时多少豪杰。
遥想公瑾当年，小乔初嫁了，雄姿英发。
羽扇纶巾，谈笑间，樯橹灰飞烟灭。
故国神游，多情应笑我，早生华发。
人生如梦，一尊还酹江月。

图 9-21　粘贴文本

(3) 单击右侧面板中的“虚拟人”按钮，展开虚拟人面板。在“场景”下拉列表中选择“历史人物”，在符合条件的主播角色中选择“苏轼”，如图9-22所示。

图 9-22　选择虚拟人主播

(4) 单击右侧面板中的“声音”按钮，展开声音面板。在“全部主播”选项组下选择“有声阅读”，在符合条件的声音角色中选择“逍遥诗人”，如图9-23所示。

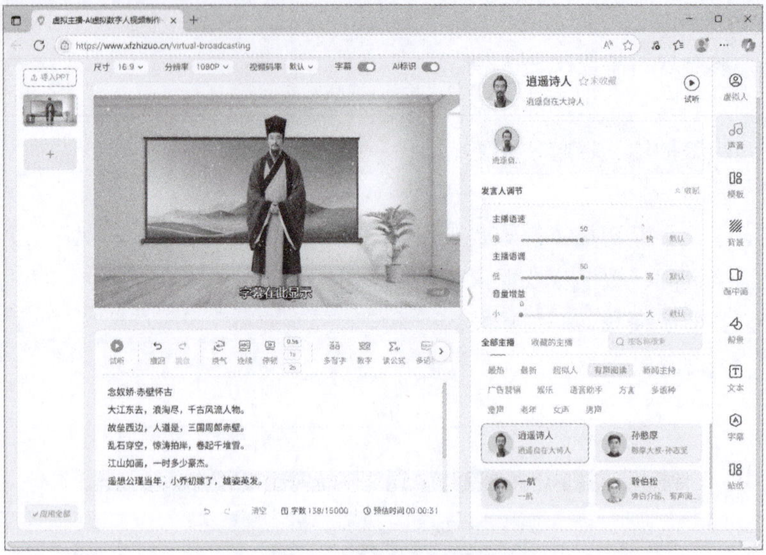

图 9-23　选择声音角色

(5) 单击右侧面板中的“背景”按钮，展开背景面板。在“系统背景”选项卡下选择“自然风光”，选择符合条件的背景，如图9-24所示。

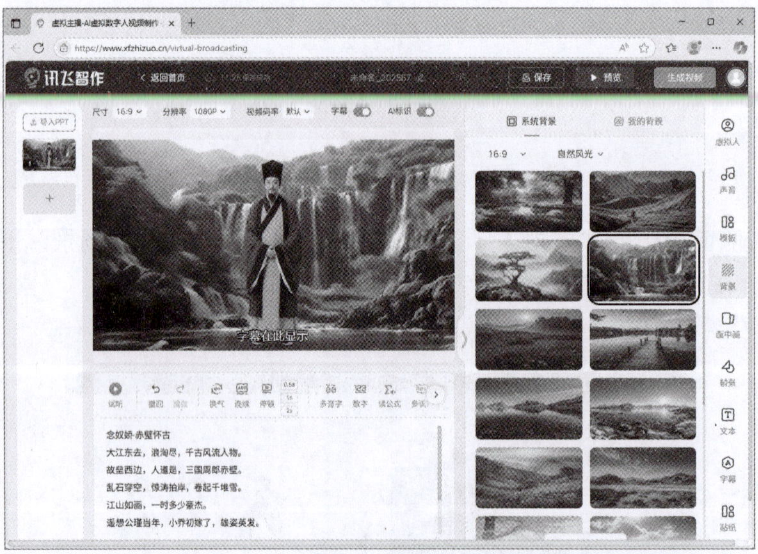

图 9-24　选择背景

(6) 在文本区上方的工具栏中单击“自然动作”按钮，在下拉列表中选择“AI匹配”，选择的数字人“苏轼”将智能分析当前文本的语境、风格及关键信息，自动生成与逻辑连贯、语义契合的手势动作。

(7) 完成所有角色音色的分配与个性化参数配置后，单击“生成视频”按钮，系统将启动AIGC语音合成引擎，根据设定，逐段、逐角色地将文本内容转换为数字人视频。

拓展知识

1. AI客服语音设计师。AI客服语音设计师是专注于利用AIGC语音技术，为企业或组织的自动化客户服务系统(如智能IVR、聊天机器人语音版、智能外呼等)设计、定制和优化语音交互体验的专业人员。他们不只是选择一个好听的声音，更需要从用户体验、品牌形象、沟通效率等多个维度综合考量，打造既智能高效又富有情感和人文关怀的AI客服声音。其核心职责与技能如下。

- 声音品牌定位与策略：理解企业品牌形象和目标用户群体，定义符合品牌调性的AI客服声音特质(如专业、严谨，亲切、友好，年轻、有活力等)。
- 音色选择与定制(或指导克隆)：熟悉主流AIGC语音平台提供的音色库，能够根据需求选择合适的预设音色，或者与技术团队协作，指导或参与品牌专属声音的克隆与定制过程。
- 对话流程与交互脚本优化：参与设计或优化AI客服的对话流程，确保语音交互的自然、流畅。对交互脚本进行语音化处理，使其更符合口语表达习惯，并利用SSML(语音合成标记语言)等工具对关键节点的语气、停顿、重音等进行精细化标注，提升语音表现力。
- 情感化与个性化设计：研究如何在AI语音中融入适当的情感元素，使交互更具人情味。例如，在解决用户问题后表达积极情绪，在用户遇到困难时表露安抚语气。探索基于用户画像或交互上下文的个性化语音反馈策略。
- 多语种与方言适配：如果企业服务涉及多语言或特定方言区域，需要考虑AI客服在不同语言环境下的声音一致性和本土化表达。
- 效果评估与迭代优化：通过用户调研、AAB测试、满意度评分等方式，持续评估AI客服语音的交互效果，并根据反馈数据进行迭代与优化。
- 技术理解与协作：需要具备对AIGC语音合成技术基本原理的理解，能够与AI工程师、产品经理、UX设计师等团队成员有效协作。

2. 新媒体音频编辑(AIGC赋能方向)。传统的新媒体音频编辑主要负责播客、有声内容、短视频配音等的录制、剪辑、混音和发布。在AIGC时代，AIGC赋能的新媒体音频编辑除了掌握传统的音频编辑技能，更需要熟练运用AIGC语音工具来高效创作、优化和分发音频内容。其核心职责与技能如下。

- AIGC语音内容快速生成与初剪：利用AIGC平台快速将文案、文章、新闻稿等转换为初版音频，大幅缩短内容生产周期。
- AI配音与多角色演绎指导：熟练运用平台的AI配音功能，为视频、动画、有声故事等选择合适的AI主播音色，实现多角色对话的智能分配与情感演绎。
- 个性化声音定制与应用：了解并能指导或操作声音克隆或定制流程，为特定的新媒体IP或栏目打造专属的AIGC声音形象。
- 多语言内容制作与分发：利用AIGC的多语言语音支持能力，快速将优质内容翻译并制作成多语种音频版本，拓展国际传播力。
- AIGC辅助音频修复与增强：运用AI驱动的降噪、去混响、人声增强等工具，提升音频素材的质量。
- 创意音频内容策划与AIGC结合：思考如何将AIGC的特性(如快速生成、多变音色、个性化定制)与新媒体音频内容创意相结合，产出更具吸引力和创新性的作品。例如，利用AI生成互动式有声故事、进行个性化新闻摘要播报等。

作业与测评

1. 学校即将举办一年一度的“校园文化艺术节”，需要制作一段富有吸引力的宣传音频，用于校园广播、微信公众号推送或活动现场播放。

2. 为传承校园文化，弘扬学校精神，学校计划将部分珍贵的校史资料转化为有声读物形式，以便广大师生、校友及社会各界人士便捷地了解学校的辉煌历程与深厚底蕴。

3. 结合本项目所介绍的AIGC语音技术的各项能力(如TTS、声音克隆、AI配音、多人朗读、多语言支持、情感合成等)，以及你对当前科技发展趋势的观察和丰富的想象力，深入思考并详细阐述：除了课堂上已讨论或实践过的应用场景，AIGC语音技术未来在哪些新兴领域、细分市场或具体应用场景中还具有广阔的应用前景？请至少列举三个你认为具有创新性和较大潜力的方向，并对每个方向的应用模式、可能带来的变革以及面临的潜在挑战进行简要分析。

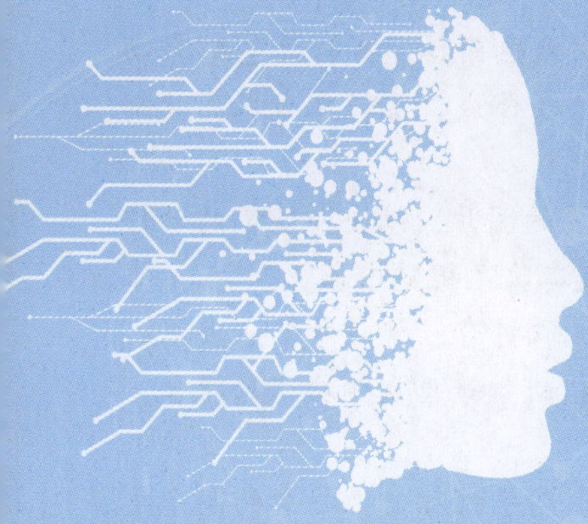

项目 10
视频应用实践

案例导学 用 AI 制作“动漫社招新”爆款短视频

场景描述

动漫社需要在3天内制作招新短视频投放到抖音和微信视频号，面临以下挑战

- 内容需求：15秒动态视频，包含社团活动混剪、文字动画、卡点音乐
- 资源限制：无专业摄像设备、无剪辑经验、预算为0
- 目标：播放量破5000，吸引至少30名新生报名

解决思维

问题：爆款短视频 ➡ 数据：文本、图像、声音 ➡ 算法：深度学习 ➡ 工具：即梦、豆包、剪映 ➡ 应用：抖音、视频号等

解决方案

使用DeepSeek、即梦、豆包、剪映等工具生成短视频

- 招新文案和AI配音(豆包)
- 动漫社图片和舞蹈动作(即梦)
- 优化“#新生必看”等爆款标签(DeepSeek)
- 选择“动漫卡点”模板，混剪图片素材(剪映)

豆包生成招新文案和AI配音：基于动漫社历史活动数据与二次元热门话题库，豆包AI自动生成符合Z世代审美的创意文案，并匹配日漫、国漫等风格的语音合成，实现零成本高效制作，解决文案创作与配音资源匮乏问题。

即梦AI生成动漫社图片和舞蹈动作：通过即梦AI生成动漫社需要的图片，结合即梦AI的动作模仿功能生成舞蹈片段，突破真人拍摄条件限制，打造高辨识度二次元视觉内容。

DeepSeek优化"#新生必看"等爆款标签：利用DeepSeek实时抓取抖音、视频号热点数据，智能分析标签传播力与用户画像匹配度，生成"大学生动漫社招新"等垂直领域话题组合，预测最佳发布时间窗口，提升内容破圈概率。

选择剪映的"动漫卡点"模板，混剪图片素材：通过剪映智能识别手机相册素材中的高光画面，自动对齐音乐节奏点，生成15秒卡点视频，内置特效自动适配动漫元素，实现零剪辑经验快速产出专业级招新短视频。

学生讨论

1. 写脚本、拍素材、剪辑成片时，哪个步骤最令人头疼(如剪辑时发现素材不够，补拍浪费时间)？如果用剪映手动加字幕、调滤镜，哪些操作最麻烦？

2. 豆包AI写口播稿、即梦AI自动抠图换背景、剪映"一键成片"功能——使用这些工具时，AI帮你省了哪几步？你遇到过AI"翻车"吗(如自动字幕错别字、抠图边缘穿帮)？

3. 全班用同一款AI模板导致视频"撞脸"，AI生成的画面抖动、不流畅。思考，当AI能搞定技术时，你的创意策划、镜头设计能力还重要吗？

学习导图

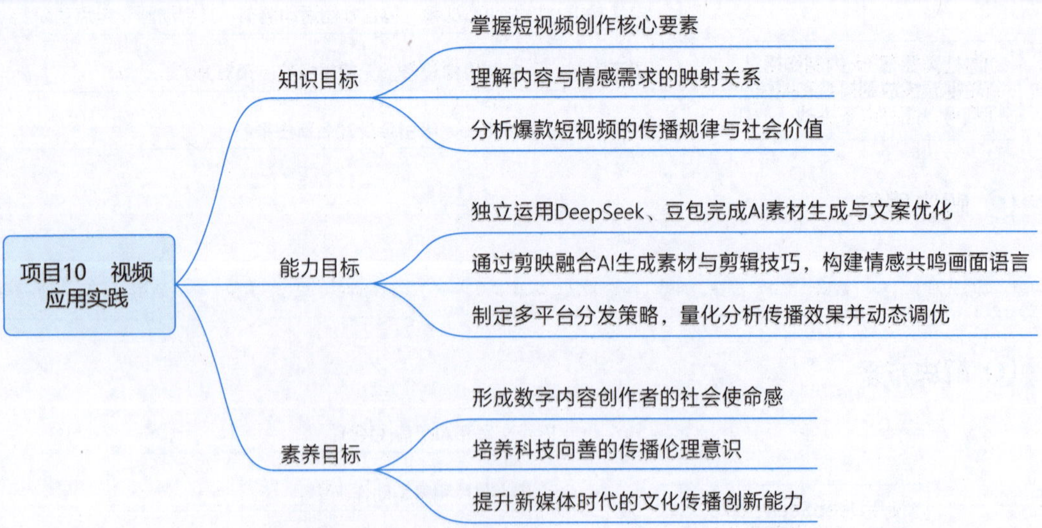

知识学习

10.1　基本原理与步骤

AIGC生成视频主要依赖深度学习，尤其是扩散模型(如Stable Diffusion、Sora)和生成对抗网络。这些模型通过训练海量的视频序列及对应的文本描述，学习如何将静态图片或文字指令转换为时空连贯、自然、流畅的视频内容。其核心在于同时捕捉空间特征(画面细节)和时间动态(动作规律)，从而实现从单帧到连续画面的智能生成。AIGC生成视频的本质其实是4个关键步骤的配合，以“制作数字人跳舞视频”为例来拆解，见图10-1。

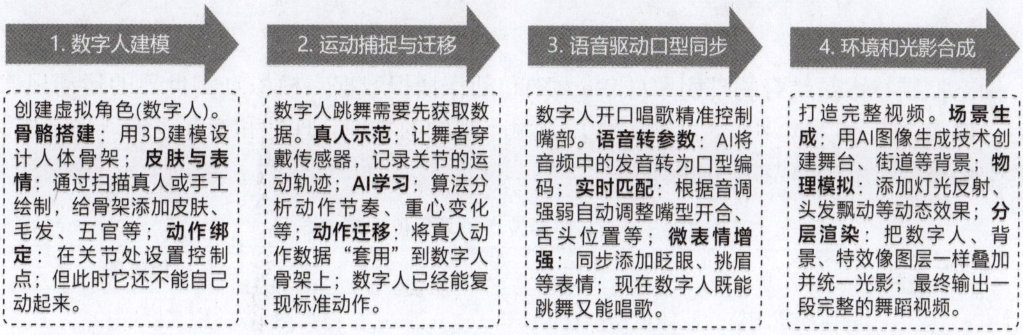

图 10-1　AIGC 生成视频的步骤

10.2　核心技术与术语

AI生成视频的核心技术包括图像生成技术、时间连贯性技术、动态控制技术和后期处理技术。

1. 图像生成技术

图像生成技术基于扩散模型或生成对抗网络，将文本描述或简单草图转换为高质量静态图像，其核心作用是生成视频的基础帧，构建场景、角色、物体的初始视觉形态(类似绘制漫画的每一页草稿)。图像生成技术的常用模型与术语如表10-1所示。

表 10-1　图像生成技术的常用模型与术语

模型与术语	作用	应用场景
扩散模型	通过迭代去噪生成高清图像	场景概念图、角色设计
生成对抗网络	生成逼真图像(如StyleGAN、BigGAN)	人脸生成、虚拟服装展示
多模态对齐模型	文本与图像精准匹配	广告分镜、故事板绘制
可控生成	调节姿态、构图、光照	产品演示、教学素材生成

2. 时间连贯性技术

时间连贯性技术的原理通过光流预测和时空扩散模型(如Sora)，分析相邻帧的像素运动轨迹，预测中间过渡动作，其核心作用是确保帧间动态连贯性，解决翻页动画的流畅度问题。时间连贯性技术的常用模型与术语如表10-2所示。

表 10-2 时间连贯性技术的常用模型与术语

模型与术语	作用	应用场景
光流预测	计算相邻帧像素位移轨迹	慢动作补帧、视频修复
时空扩散模型	生成连贯动作序列	短视频生成、影视预演
关键帧插值	自动补充中间过渡帧	动画制作、老片高清修复
3D卷积神经网络	提取时空特征(如C3D)	动作识别、体育赛事分析

3. 动态控制技术

动态控制技术是结合物理引擎(如PhysX)和动作捕捉数据，模拟真实世界的运动规律(如重力、碰撞)或模仿人类动作，其核心作用是赋予视频的物理合理性和交互逻辑。动态控制技术的常用模型与术语如表10-3所示。

表 10-3 动态控制技术的常用模型与术语

模型与术语	作用	应用场景
物理引擎	模拟刚体、流体运动	爆炸特效、雨水模拟
动作捕捉迁移	将真人动作映射至虚拟角色	虚拟偶像舞蹈、游戏NPC动画
轨迹预测模型	预测物体未来运动路径	自动驾驶仿真、人群行为模拟
语义动作绑定	根据文本生成对应动作	医疗操作演示、安全教育视频

4. 后期处理技术

后期处理技术是利用神经渲染(NeRF)、风格迁移(Style Transfer)等技术，优化画质并添加特效，通过Wav2Lip等工具同步音视频，其核心作用是提升视觉表现力(如4K超清修复)和多模态一致性(如口型与配音精准匹配)。后期处理技术的常用模型与术语如表10-4所示。

表 10-4 后期处理技术的常用模型与术语

模型与术语	作用	应用场景
神经渲染	实现3D视角自由变换	虚拟试衣间、建筑可视化
超分辨率重建	提升视频分辨率	老电影修复、监控视频增强
风格迁移	转换视频艺术风格	短视频滤镜、动画电影
音视频同步	自动对齐口型与语音	虚拟主播、多语言影视配音

通过这四类技术的协同，AI视频生成已能实现从文案到成片的半自动化生产，广泛应用于影视预演、广告制作、虚拟培训等场景，但复杂情感表达、精细物理模拟仍须人工介入优化。

总之，AIGC生成视频的流程是画图(造画面)→ 串帧(让画面动)→ 教规则(动作合理)→ 美颜(提升质感)，每一步都需要接受空间、时间、物理三重维度的技术挑战。

10.3 常用工具

AIGC生成视频最常使用的工具是即梦AI、豆包、剪映等，详见表10-5。

表 10–5 AIGC 生成视频的常用工具

工具名称	核心功能	适用场景	费用	说明
即梦AI	图片生成、视频生成、数字人、动作模仿等	个人创作、企业营销、影视与教育、游戏与二次元等	每日免费60~88积分，邀请好友额外得积分	字节跳动开发
豆包	文生图、图生文、中文优化视频生成、生产力工具、智能体、语音唤醒、景点讲解等	个人生活、职场办公、娱乐社交、电商营销、教育类短视频脚本生成等	免费	字节跳动开发
剪映	全终端剪辑(多轨、智能抠图、绿幕)、AI辅助(字幕识别、文本朗读、变速)	短视频精细化剪辑(如Vlog拼接、字幕添加等)，适合需要发布到抖音的创作者	免费	字节跳动开发
可灵AI	长视频生成(2分钟高清)、物理模拟(水流、布料)、运动笔刷、AI模特与口型同步	电商商品动态展示、短剧创作(如AI生成角色动作与口型匹配)，影视分镜预演	每日登录赠66灵感值(1分钟视频≈20灵感值)	快手开发
腾讯混元	快慢思考模型(秒级响应+深度处理)、微信生态联动(搜索、小程序接入)	快速生成脚本或文案，结合微信生态实现视频内容与服务的无缝衔接	开源模型免费商用，普通用户需要申请体验资格	腾讯开发
智谱清影	4K超高清生成(60帧/10秒)、多通道批量生成(音效同步)	教育动画、新闻快讯视频生成，需要高画质与音效同步的场景。	每日免费使用3次，教育机构可申请配额	智谱AI开发
通义万相	多风格生成(中国风、超现实)、双语支持(中英文输入)、复杂运动处理(多人互动)	文化宣传片、多语言广告创意生成	完全免费，无次数限制	阿里巴巴开发
PixVerse	增加Performance模式、运动笔刷、运镜控制等功能，视觉创作更加专业和生动	游戏角色二次创作、系列短剧，低成本批量生成测试素材	新用户赠100积分(1视频≈15积分)	爱诗科技(前字节团队)开发

实训任务

任务1 制作动漫社招新短视频

【任务目标】

动漫社需要在3天内制作15秒的招新视频，要求包含社团活动混剪、文字动画、卡点音乐，投放到抖音、微信视频号，争取播放量破5000，吸引30名以上新生报名。

【任务实现】

1. 下载或生成社团活动图片

方法1：下载批量社团活动图片。

(1) 在小红书或快手首页中搜索“动漫社活动”，如图10-2所示。

(2) 打开任意一个链接，选中页面右上角“关注”后面的“分享至”图标，单击“复制链接”按钮，如图10-3所示。

图10-2 搜索“动漫社活动”

图10-3 复制图片链接

(3) 打开微信小程序，搜索“抖抖”或“轻抖”，如图10-4所示，单击“粘贴”按钮，把复制的链接粘贴到抖抖。依次单击“解析”和“一键下载”按钮，链接中包含的图片被批量下载到相册中。

方法2：用即梦AI和豆包生成图片。

(1) 在即梦AI“灵感”页面搜索“动漫社团海报”，找到并打开满意的图片，单击“做同款”按钮。

(2) 在即梦AI或豆包中输入“生成一个真人版的cosplay图片，几位女生几位男生”，如图10-5所示。

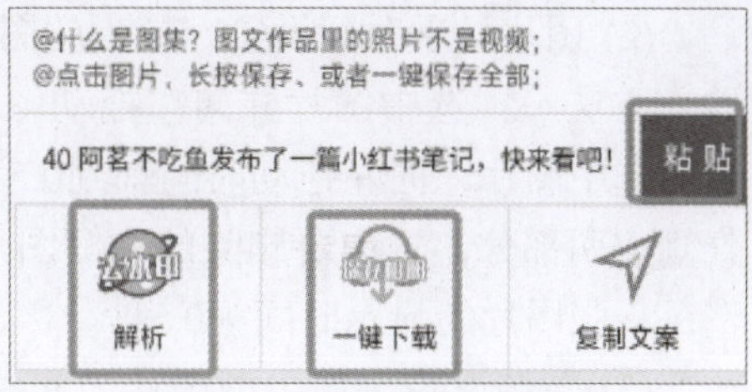

图 10-4　粘贴复制的链接

2. 生成或下载视频

(1) 即梦AI生成视频。输入提示词：生成一个真人版的cosplay视频，几位动漫社成员在跳舞。

(2) 抖音中下载视频。输入提示词：推荐一些比较热门的cosplay视频。然后复制链接到抖抖下载视频。

3. 在剪映中添加图片

(1) 视频比例设置。打开剪映单击“+开始创作”，按照设计好的图片顺序导入准备好的6~8张动漫社的角色图片和活动图片。抖音、微信视频号的显示比例一般9:16。在主工具栏中设置比例，如图10-6所示，选中工具栏比例9:16。使用双指图片缩放到9:16，如图10-7所示，并单指将图片移动到合适的位置。使用同样的方法调整每一张图片的显示比例为9:16。

图 10-5　即梦 AI 生成图片

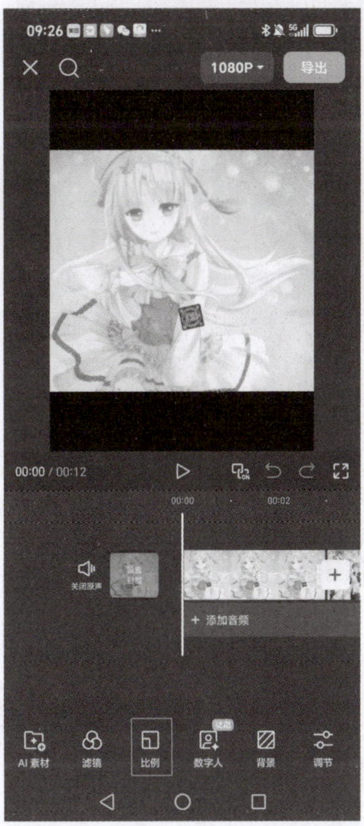

图 10-6　视频比例设置

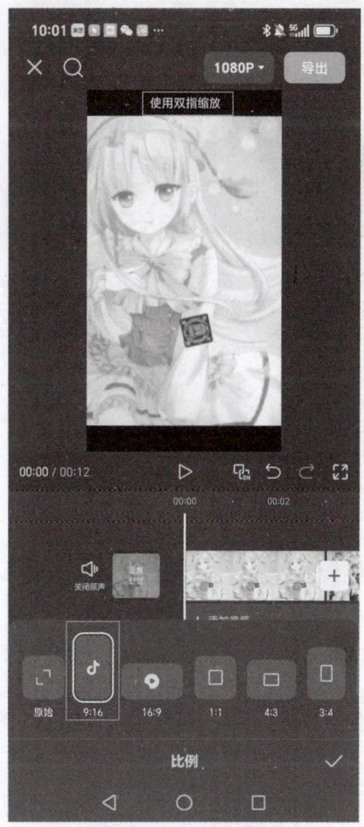

图 10-7　使用双指缩放

(2) 图片显示时间设置。导入的图片默认显示时间是3秒，有两种方法可以将其更改为0.5秒。方法一：选中图片并向左拖动图片右侧的白色方框，缩小图片显示时间为0.5秒；方法二：选中图片，向左拖动时间轴到0.5秒左右的位置。单击工具栏中的“分割”按钮，图片被分割成两部分，选中要删除的右侧图片，单击工具栏中的“删除”按钮。使用同样的方法调整每一张图片的显示时间为0.5秒。

(3) 转场设置。如果两图片之间的转场过于突兀，可以选中两个图片中间的白色方框，选择“叠化”，如图10-8所示。注意，不要选择带钻石的(导出时需要购买会员)，可以选择“叠化”，再选择“全局应用”，这样图片之间的转场都将被设置为“叠化”。

4. 在剪映中添加文字

(1) 单击工具栏中的“文本”按钮，再单击“新建文本”，输入“我们是”。设置“字体”如图10-9所示，这里设置“热门”中的“江湖体”；设置“样式”如图10-10所示，设置“背景”为白色，设置“文本”为黑色，字号40；设置“排列”为居中，根据需要设置“描边”“阴影”“粗斜体”等。

图 10-8 转场设置

图 10-9 字体设置

图 10-10 样式设置

(2) 设置文字动画。设置动画如图10-11所示，入场设置为“打字机”，并拖动下方的入场时间到需要的位置，出场设置为“模糊”，也可以根据需要自由设置入场和出场动画。

(3) 输入“动漫社”，用同样的方法设置“字体”“样式”和“动画”。

5. 在剪映中添加视频

(1) 单击主工具栏中的“画中画”按钮，再单击“新建画中画”。选中相册中的视频，单击“添加”按钮，双指拖动视频调整视频比例到9:16。视频长度为2秒，可以通过“分割”命令截取视频、删除视频、缩短视频长度，也可以通过单击工具栏中的“变速”→“常规变速”按钮，延长和缩短视频时间如图10-12所示。

(2) 在视频中添加文字。把时间轴拖动到视频最左端，输入“Cosplay排练”，设置文字的“字体”“样式”等。

(3) 用同样的方法设置第二段视频，输入文字“Cosplay表演”。

(4) “画中画”导入的图片是并行排放在时间轴上的。如果逐一显示漫画展览的几张图片，需要多次单击画中画添加，并分别调整每一张图片的比例至9:16，每一张图片显示时间为0.5秒；把时间轴移动到第一张漫画，添加文字“原创漫画展览”。

6. 完善视频

输入“动漫社招新”的其他文字，如图10-13所示。设置入场动画为“向下擦除”并在下方设置入场时间，自由设置出场动画和时间；输入“快来加入我们吧”，设置动画为“变色输入”；最后添加图片招新群的二维码，并在下方输入文字“招新群”。

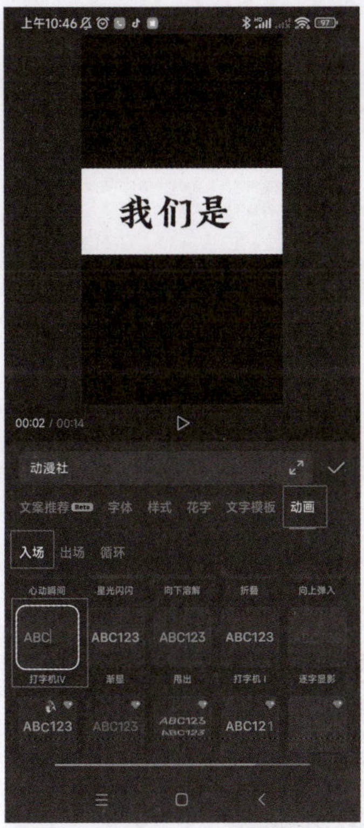

图 10-11　设置文字动画为“打字机”

图 10-12　视频变速

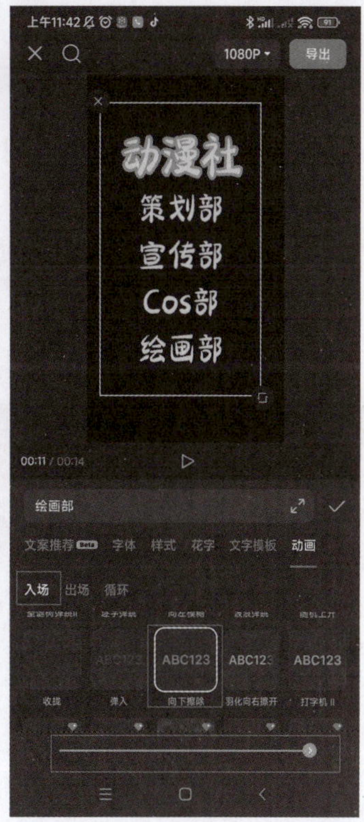

图 10-13　设置文字动画为“向下探险”

7. 添加卡点音乐

单击主工具栏的“音频”按钮，再单击“音乐”，在搜索栏中输入“卡点”。选择卡点音乐，单击“使用”按钮，通过“分割”“删除”去掉超出视频部分的音乐。

任务 2　制作萌宠做饭短视频

【任务目标】

AI萌宠橘猫做饭的短视频和动漫社招新短视频的制作流程类似。用DeepSeek生成提示词，用即梦AI根据提示词生成分镜头图片，在即梦AI中输入动作提示词，生成5秒的短视频，最后用剪映拼接成一个完整的作品。

【任务实现】

1. 用DeepSeek生成需要的提示词

打开DeepSeek，输入提示词：

> 我是一名短视频创作者，帮我生成一段提示词，要求是：一只200斤重的大肚子的、拟人化的、可爱的大头橘猫，在超市里推着购物车买菜，买完菜骑着摩托车回家，回到家后在厨房的案板上切肉、在厨房里炒菜、在餐桌前吃饭。根据以上文字帮我生成5个画面的描述词，要求5个画面的橘猫是一致的，每张图片画面的描述词大约150字，用中文表述。

稍等片刻，5个画面的提示词就生成了，我们先选择画面一的提示词，如图10-14所示。

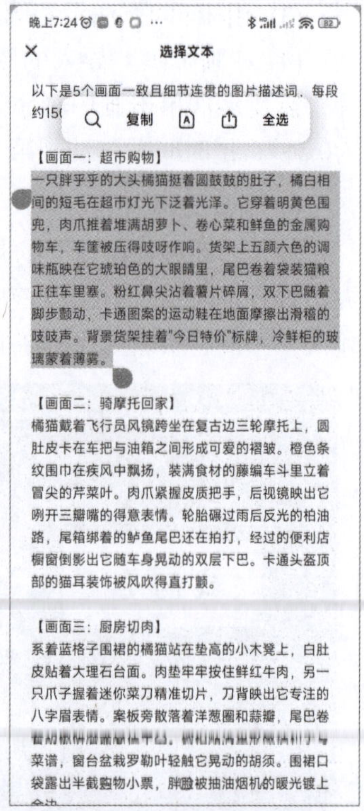

图 10-14　DeepSeek 生成提示词

注意： 一定选择“深度思考”选项。

2. 用即梦AI生成分镜头

(1) 打开即梦AI(即梦AI每人可以免费领取60~80积分)，单击最下方工具栏中间的“想象”按钮。单击“图片生成”图标，选择第一个选项“图片生成”，如图10-15所示。将DeepSeek生成的提示词复制过来，如果想在抖音和视频号上发布，比例选择9:16，单击“生成”按钮。稍等片刻，4张橘猫在超市购物的图片就生成了，如图10-16所示。如果不满意，可以单击“再次生成”；如果对橘猫穿的衣服不满意，可以单击“重新编辑”，修改提示词，直到满意。

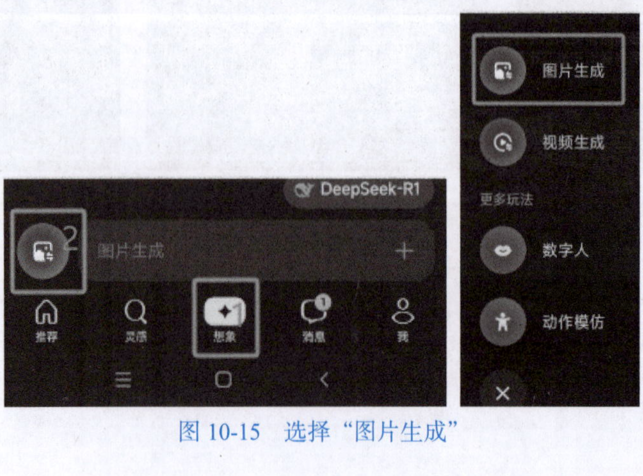

图 10-15　选择“图片生成”

(2) 从4张图片中选择最满意的一张图片，单击图片右上角“超清”。待超清显示后，单击“下载”按钮，选择分享至抖音，跳转到抖音后选择不保存返回，这样可以把图片保存到本地相册。

(3) 在DeepSeek中复制画面二的提示词并粘贴到即梦AI。注意，有一个关键步骤，单击“+”图标，添加第一张图片，并单击图片上的“智能参考”按钮，选择“角色特征”，这样第二张图片的橘猫和第一张图片的橘猫是同一个橘猫(见图10-17)。单击“完成”按钮，再单击“生成”按钮。

(4) 用同样的方法生成第三、第四、第五张图片，选择分享至抖音并保存。

图 10-16　即梦 AI 根据提示词生成图片

图 10-17　角色特征替换智能参考

3. 用即梦AI让5张图片动起来

(1) 单击最下方工具栏中间的“想象”按钮，单击“图片生成”图标，选择“视频生成”，如图10-18所示。单击“+”图标，选择第一张橘猫在超市买菜的图片，输入视频提示词“让拟人化的猫咪推着购物车快速地向前走，摄像机镜头跟着高速移动”，如图10-19所示。稍等片刻，生成一个5秒的小视频，选择分享至抖音，保存到相册。

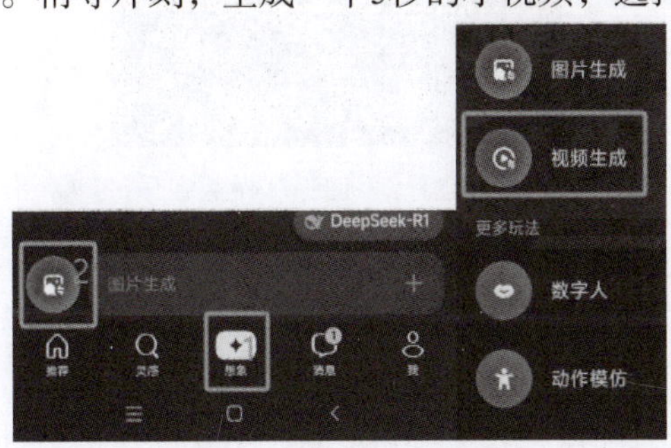

图 10-18　视频生成

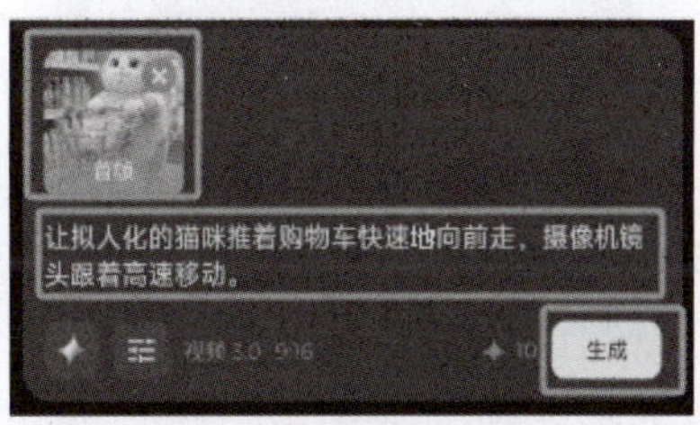

图 10-19　生成视频的提示词

(2) 选择“视频生成”，单击“+”图标，选择第二张橘猫骑着摩托车回家的图片，输入视频提示词“让拟人化的橘猫骑着摩托车高速地向前行驶，摄像机镜头跟着高速移动”。稍等片刻，生成一个5秒的小视频，选择分享至抖音，保存到相册。

(3) 选择“视频生成”，单击“+”图标，选择第三张橘猫切肉的图片，输入视频提示词“让拟人化的小橘猫快速切肉”。稍等片刻生成一个5秒的小视频，选择分享至抖音，保存到相册。

(4) 用同样的方法生成第四个、第五个小视频，并保存。

4. 用剪映生成完整作品

(1) 打开剪映，添加5个小视频。打开剪映，单击“+开始创作”按钮，从相册中按橘猫购物、回家、切肉、炒菜、吃饭的顺序添加5个小视频。依次单击“高清”“添加”按钮，5个视频按照顺序添加到主轨道。

(2) 添加音乐。单击视频轨道下方的“+添加音频”按钮或者单击主工具栏中的“音频”按钮，如图10-20所示。单击“音乐”，在搜索框中输入“猫咪做饭音乐”，从下方的列表中选择合适的音乐，如图10-21所示。

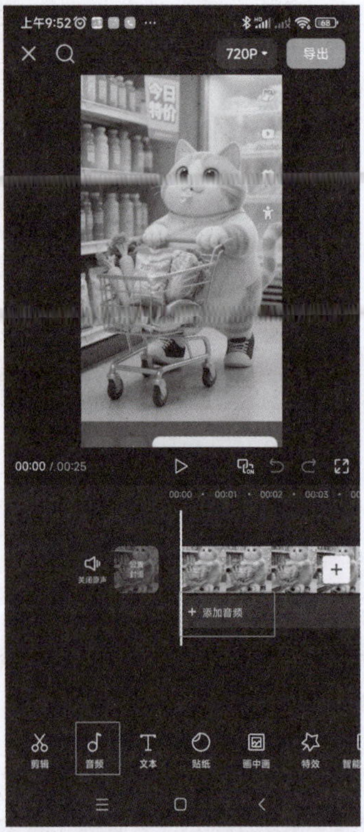

图 10-20 添加音频

图 10-21 添加猫咪做饭音乐

(3) 变速。音乐节奏比视频节奏快，此时选中第一个视频，单击工具栏中的“变速”按钮。选择“常规变速”，把5秒的时常变到2秒，即时速从1x滑到2.5x，这样动作更为流畅。其他4个视频设置变速的方法相同。

(4) 转场设置。选中两个视频中间的白色方框，选择“叠化”。注意，不要选择带钻石标记的(需要购买会员)选项，依次选择“叠化”和“全局应用”，此时视频之间的转场都设置为“叠化”。

(5) 删除多余的音乐。选中音乐，把时间轴拉到和视频对齐，单击工具栏中的“分割”按钮，把音乐分割成两部分，将后半部分删除。

(6) 添加音效。选择第一个视频，并把时间轴置于视频开始位置。依次单击“音频”和“音效”，搜索“超市”，选择“超市环境音”音效，单击“使用”；用同样的方法给第二个视频添加“摩托车声音”音效，依次添加“切菜”“炒菜”“吃饭”音效。如果音效太长，可以选中音效，单击工具栏中的“分割”按钮，然后删除多余部分；也可以选中音效后面的方框向前拖动到适当的位置。

(7) 反复观看、修改，直到满意。

任务 3　制作安全教育短视频

用剪映的“图文成片”功能智能匹配文案，生成学校安全教育短视频。

(1) 打开剪映，选择“图文成片”，如图10-22所示。在“图文成片”页面选择“智能文案”下的自定义主题。如图10-23所示，在“自定义主题”页面输入“高职院校宣传安全教育”，单击“生成文案”按钮，如图10-24所示。

图 10-22　选择“图文成片”

图 10-23　选择“生成文案”

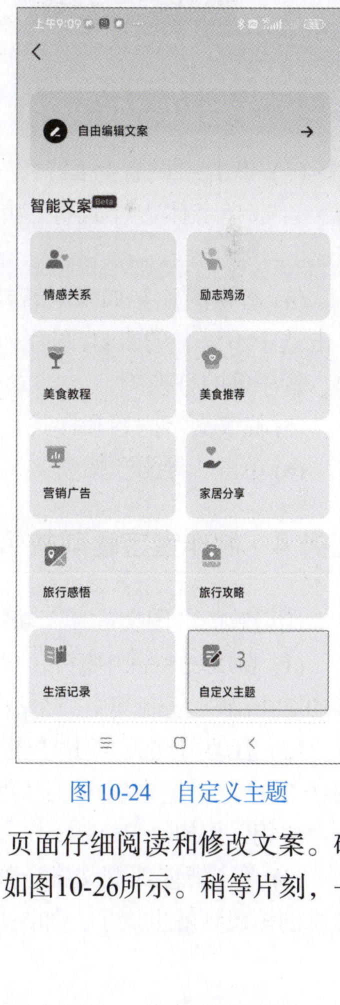

图 10-24　自定义主题

(2) 稍等片刻，文案生成如图10-25所示，在“确认文案”页面仔细阅读和修改文案。确认无误后，依次单击“生成视频”和“智能匹配素材”按钮，如图10-26所示。稍等片刻，一个原创的校园安全教育短视频生成了，如图10-27所示。

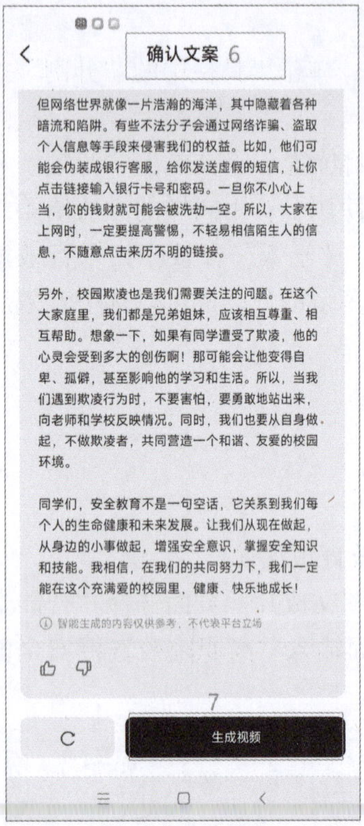

图 10-25 文案生成

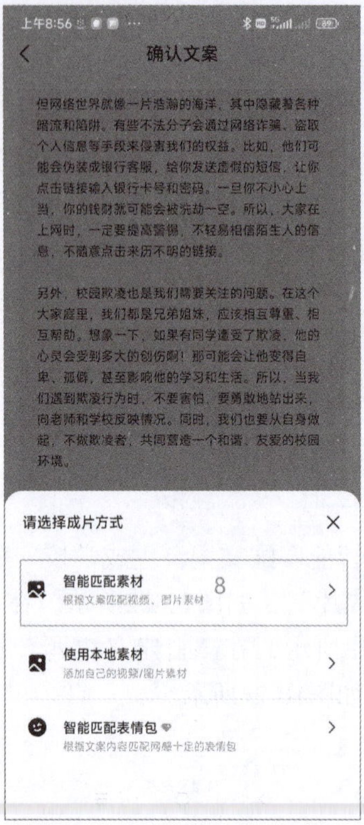

图 10-26 智能匹配素材

图 10-27 生成短视频

(3) 单击“设置封面”，如图10-27所示。单击“添加文字”，输入“安全教育警示篇”，选择字体、样式等，单击√图标，再单击页面左上角的“保存”按钮，封面制作完成。

(4) 替换图片。如果对智能匹配的素材不满意，可以用即梦AI或豆包生成需要的素材。单击选中不满意的素材(图片、视频、音乐)，单击页面下方的“替换”按钮，完成图片、视频、音乐等的替换。

(5) 修改文字内容和样式。选中文字，单击“编辑”按钮，修改文字内容和文字样式。

(6) 单击“导出”按钮，短视频被保存到手机相册。

任务 4 制作宝宝睡前故事短视频

用剪映的“图文成片”功能智能匹配文案生成宝宝睡前故事。

(1) 在DeepSeek中输入“给三岁宝宝讲述五个睡前故事，同时开启深度思考功能”，如图10-28所示。复制其中一个故事。

(2) 启动剪映，单击“图文成片”按钮，在图文成片页面选择“自由编辑文案”，如图10-29所示，把在DeepSeek中复制的小故事粘贴在空白处，如图10-30所示，单击窗口右上角“应用”按钮。

(3) 单击智能匹配文案，如图10-31所示。稍等片刻，一个图文并茂、带有磁性声音讲解的原创短视频就生成了，如图10-32所示。单击导出，短视频即被保存到手机相册。

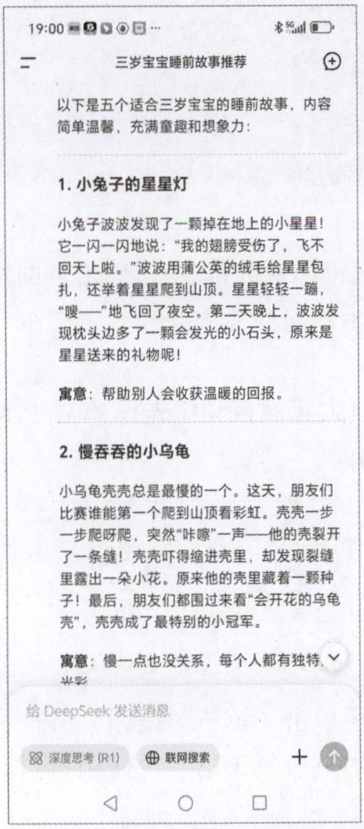

图 10-28　生成睡前故事

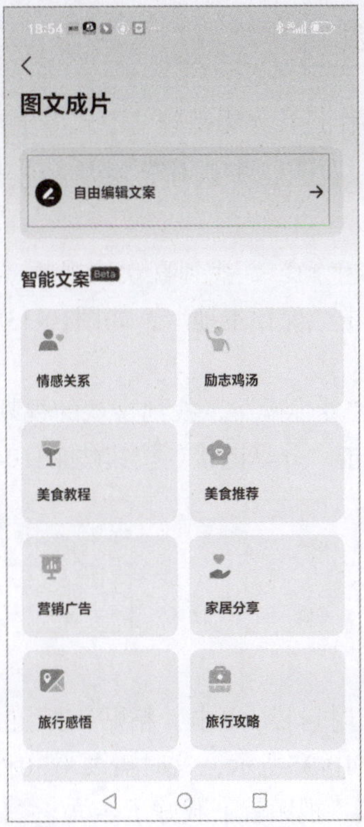

图 10-29　自由编辑文案

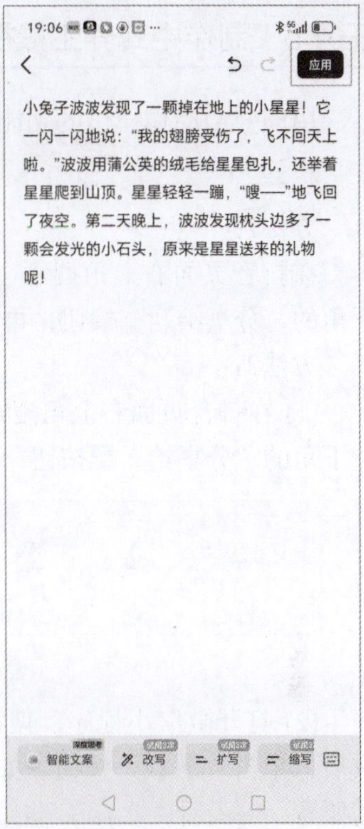

图 10-30　复制其中一个睡前故事

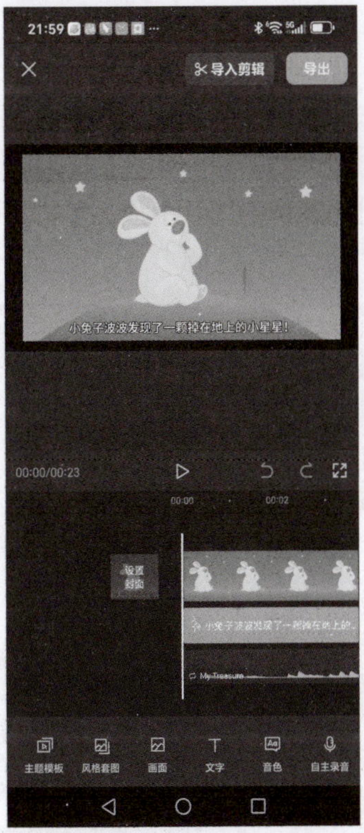

图 10-31　智能匹配文案

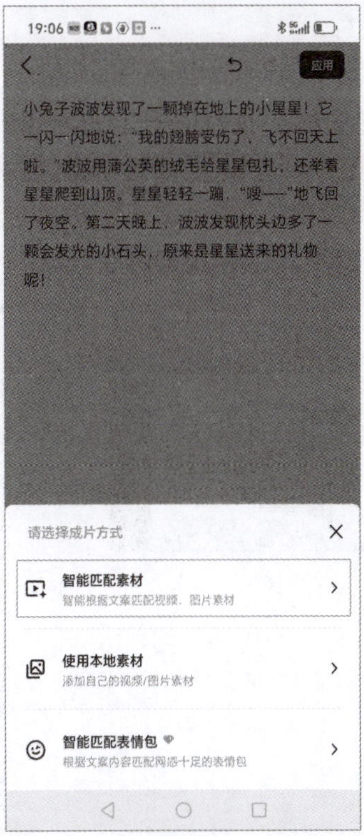

图 10-32　生成的原创短视频

任务5　制作中式养生操视频

用即梦AI动作模仿的功能制作抖音火爆视频“中式养生操”。

1. 在抖音找到对标的养生操视频，下载作为即梦AI模仿的动作样板

方法1：

在抖音页面右上角搜索“养生操”，找到喜欢的视频(真人正面视频优先)，单击页面左下角的“分享给”按钮，再单击“保存本地”，如图10-33所示，保存视频。

方法2：

(1) 在抖音页面右上角搜索“养生操”，找到喜欢的视频(真人正面视频优先)，单击页面左下角的“分享给”按钮，单击“分享链接”按钮(见图10-34)。

图10-33　保存视频

图10-34　分享链接

(2) 打开微信小程序，搜索“抖抖”，单击“粘贴”按钮，再单击“解析”按钮，解析完成后，单击“下载”按钮，如图10-35所示，这时需要看30秒的广告(每天第一次使用抖抖时需要看，一天看一次)，广告结束，视频就下载好了。

2. 用即梦AI或豆包生成原创图片的两种方法

方法1：

在即梦AI界面下方单击“灵感”，找到自己喜欢的图片，或者单击放大镜，如图10-36所示。输入关键词，如“古人养生操”，如图10-37所示，选择喜欢的古人形象，单击“做同款”，生成提示词，可以根据自己的需求修改，单击“生成”按钮，生成四张原创的古人图片，选择满意的图片。单击图片右上角的“超清”按钮，超清的图片生成，单击下载并分享至抖音，将图片保存到相册。

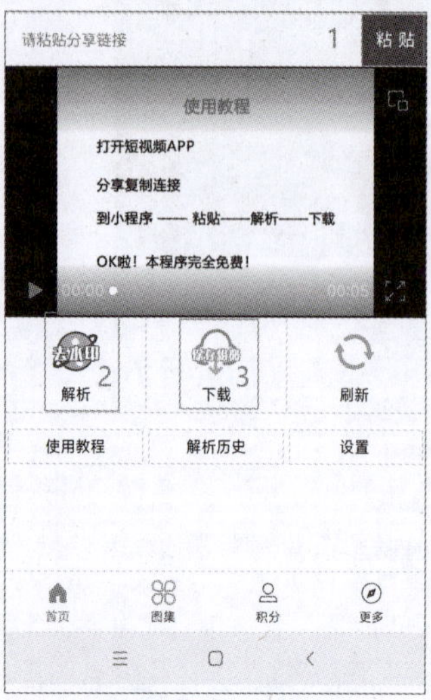

图10-35　保存视频

图10-36　灵感选项

图10-37　搜索“古人养生操”

方法2：

在即梦AI或抖音搜索到自己喜欢的图片，保存到相册。打开豆包，单击“+”图标，选择相册中的图片，输入提示词“请根据图片内容，帮我反推生成它的提示词，要求正面，并带上远景”，单击“发送”按钮，如图10-38所示。稍等片刻，生成图片的提示词，如图10-39所示。复制图片提示词，在豆包或即梦AI中生成原创图片。

3. 用即梦AI的动作模仿功能生成中式养生操

单击“想象”页面文本框左侧的按钮，选择“动作模仿”，如图10-40所示。单击“上传人物图片”的“+”图标，上传用即梦AI或豆包生成的正面人物图片；单击“+添加动作”，添加下载的养生操视频，等待养生操视频添加成功，单击“立即生成”，等待的过程中可以继续其他工作，不影响即梦AI生成视频，等待时间由用户数量决定。

在剪映中添加养生操的文字和背景音乐，生成满意的作品。

图 10-38　反推提示词

图 10-39　生成图片的提示词

图 10-40　动作模仿

任务6　制作古风唐朝娘子搞笑视频

1. 豆包生成原创文案

(1) 在抖音中找到对标视频，例如搜索“小胖妞”，选择喜欢的搞笑视频，单击页面左下角的“分享给”按钮，再单击“分享链接”按钮。

(2) 粘贴到豆包的文本框，并输入提示词“请帮我提取原文案，再帮我根据原文案改编5

段类似的文案”，见图10-41。

2. 利用豆包或即梦AI生成原创图片

利用即梦AI的“做同款”或豆包的反推提示词的功能生成图片。这里我们可以把提示词修改得更为搞笑，例如服饰可以更换为大红大绿的棉袄，动作可以更改为左手拿着鸡腿，右手端着酒杯等。

3. 上传图片

打开即梦AI，选择数字人，在上传照片或视频框中上传步骤2中生成的图片。在输入说话内容框中，粘贴步骤1中改编的其中一个文案。再选择音色，这里选择“高冷御姐”，单击“立即生成”(见图10-42)。

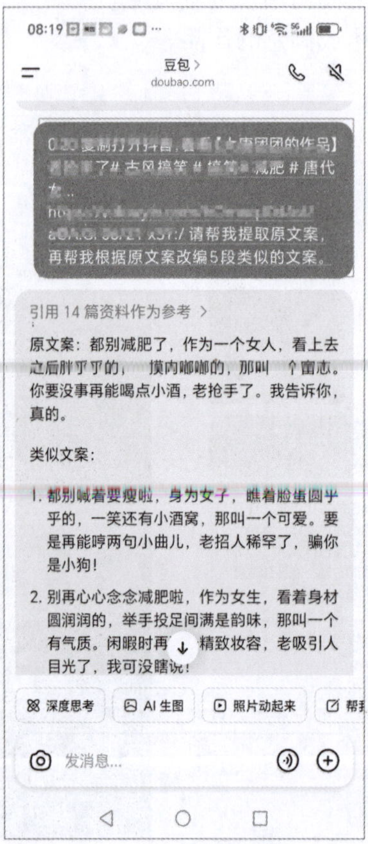

图 10-41　输入提示词

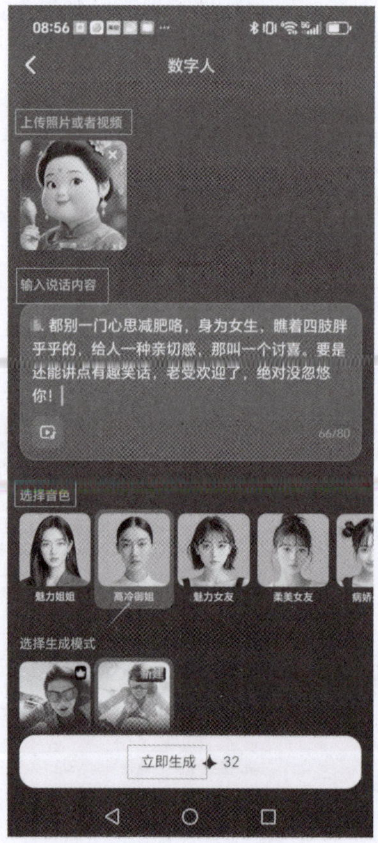

图 10-42　创作图片

4. 制作完成

完成后，单击下载，选择分享至抖音，会出现“‘即梦AI’想要打开‘抖音’，是否允许的提示？”单击“拒绝”按钮，这是保存即梦AI视频的一种方法。这样文件将保存至相册。

拓展知识

1. AI视频内容策划师是专注于利用AIGC技术(如豆包、即梦、剪映等)进行短视频创意策划与生产的复合型人才。他们需要结合平台算法、用户心理和AI工具特性，高效产出高传播度的视频内容。其核心职责与技能如下。

- 选题与热点捕捉：掌握AI工具的热点分析功能(如豆包的热门标签生成功能)，结合校园文化或目标用户的兴趣，策划兼具创意与传播潜力的选题。
- 多模态脚本设计：运用AI脚本生成工具快速构建视频框架，融合画面、语音、文字、特效等元素，设计符合短视频平台特性的分镜脚本。
- AI工具协同应用：熟练调用不同工具的核心功能(如即梦的虚拟角色生成、剪映的智能剪辑)，实现“AI生成素材+人工精修”的高效工作流。
- 数据驱动优化：分析视频完播率、互动率等指标，结合AI生成的用户画像调整内容策略(如调整视频节奏或标题关键词)。
- 跨平台适配：针对抖音、快手、视频号等平台特性，利用AI工具一键生成多尺寸、多风格的视频版本。

2. AIGC短视频制作工程师是掌握AI视频生成技术的实操型人才，专注于技术落地与效果优化，其核心技能如下。

- AI素材生成：通过文本或语音指令生成符合主题的虚拟场景(如古风唐朝街道)、角色(如动漫社二次元形象)或动态效果(如萌宠做饭的拟人化动作)。
- 智能剪辑与合成：运用剪映的AI抠像、自动卡点功能，快速完成多素材拼接；通过即梦的AI运镜功能优化画面表现力。
- 多模态内容对齐：确保AI生成的语音、字幕、画面动作精准同步(如安全教育视频中急救动作与讲解节奏匹配)。
- 本地化内容适配：利用方言语音合成、区域文化元素生成等功能制作本土化内容(如用AI角色演绎校园搞笑视频)。
- 生成质量控制：识别并修复AI生成内容的常见问题(如虚拟角色肢体扭曲、中式养生操动作合理性校验)。

作业与测评

1. 使用豆包或即梦生成一段30秒的校园文化艺术节宣传短视频，要求包含：

- AI生成的虚拟校园场景(如舞台光影效果)。
- 两种以上AI角色(如学生主持人和动漫社吉祥物)。
- 通过剪映添加智能字幕与热门BGM。
- 输出横版(16:9)与竖版(9:16)双版本。

2. 为学校食堂制作一段AI安全生产教育视频，要求包含：

- 即梦生成的介绍后厨安全隐患的3D模拟场景。
- 豆包生成的方言版安全讲解语音。

- AI生成的动态警示标志(如油锅起火动画)。
- 使用剪映添加“找错误”互动弹幕功能。

3. 结合AIGC视频技术特性(如虚拟人实时生成、多模态交互)，探讨以下方向的可行性。

- AI直播带货教育化：如何用“虚拟教师+商品3D展示”制作教学类带货视频？
- 无障碍视频服务：如何通过AI实时生成手语解说与画面描述字幕？
- 元宇宙校园建设：如何批量生成不同历史场景的虚拟校园导览视频？

要求每个方向包含应用场景描述、技术实现路径(须提及具体工具模块)、潜在风险(如文化误读)及解决方案等内容。

项目 11
AI 辅助编程实践

案例导学　开发校园天气小工具

场景描述

计算机专业的学生需要在两天内完成Python课程设计，选题为“校园天气小工具”，要求用GUI图形用户可视化界面显示实时天气及穿衣建议。因学生未完全掌握API调用和GUI开发，编程基础知识学习时间不足，需要借助AI辅助编程完成该项目。

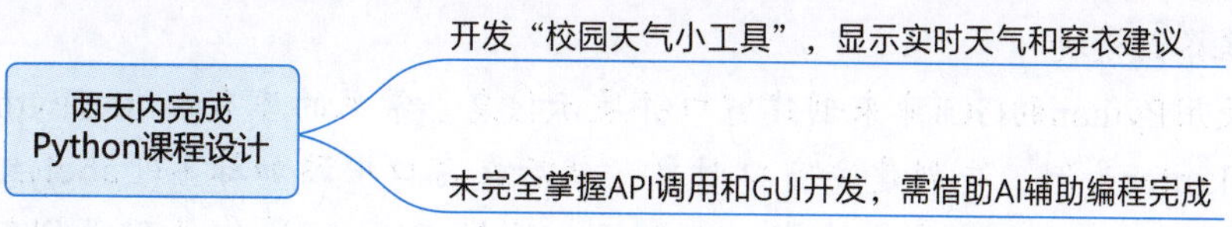

解决思维

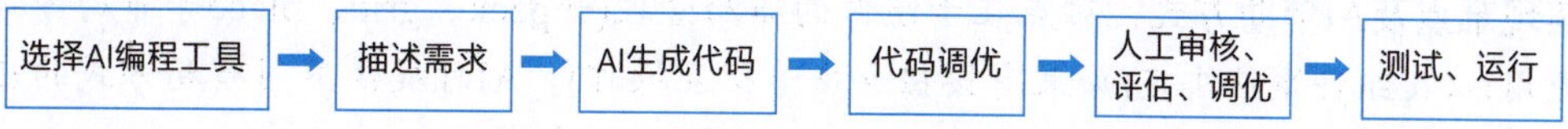

解决方案

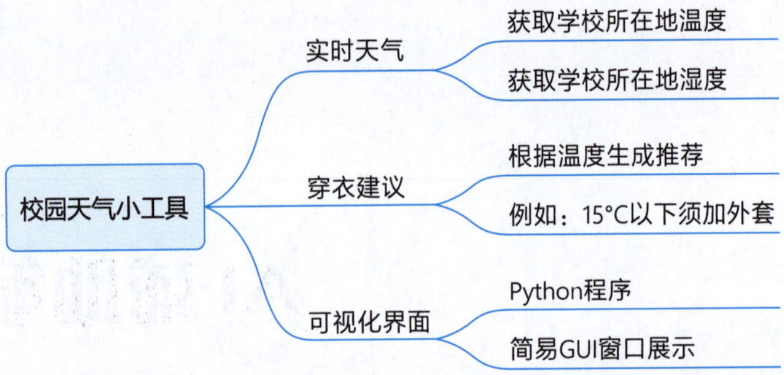

1. 实时天气模块

原理：通过调用与天气相关的API(如聚合天气预报API等)来获取数据，但考虑学生未完全掌握API调用，可借助AI来生成调用API的代码框架。以Python为例，AI可能会生成使用requests库发送HTTP请求的代码，向API服务器请求包含学校所在地经纬度(可提前确定或手动输入)的天气数据接口，服务器响应后返回包含温度、湿度等信息的JSON格式数据，程序再解析JSON数据提取温度和湿度值。

实现难点及AI辅助方式：难点在于正确处理API的认证(如果有密钥等要求)、理解API返回数据结构。AI可提供代码示例，例如如何设置请求头、处理可能的认证参数，以及如何准确地从复杂的JSON数据中提取温度和湿度字段。

2. 穿衣建议模块

原理：获取实时温度后，通过一系列条件判断来生成穿衣建议。在Python中，可使用if-elif-else语句结构。例如设定不同温度区间对应不同建议，当温度小于15℃时，建议为“须加外套”；温度在15℃~20℃范围内时，建议为“可穿长袖衬衫”等。

实现难点及AI辅助方式：难点在于合理划分温度区间和编写简洁、准确的判断逻辑。AI可以给出不同温度区间划分的参考案例，以及优化判断逻辑的代码写法，避免冗余或错误的条件判断。

3. 可视化界面模块

原理：使用Python的GUI库来创建窗口并展示信息。常见的库有tkinter(Python标准库)、PyQt等。以tkinter为例，先创建主窗口对象，然后在窗口中添加标签(Label)组件用于显示温度、湿度数值和穿衣建议文本内容；还可添加按钮(Button)等组件用于刷新数据等操作(可选)。AI可生成创建窗口、添加组件并设置组件属性(如文本内容、位置、字体等)的基础代码。

实现难点及AI辅助方式：难点在于组件的布局管理(如pack、grid、place等布局方式的选择和使用)以及组件事件绑定(如果有按钮点击等交互操作)。AI可提供不同布局方式的应用示例代码，以及如何为按钮等组件绑定事件处理函数的代码参考。

说明：对于非计算机专业的学生来说，无须深入理解程序设计的原理及技术细节，可更多关注AI辅助工具的操作方法和流程。

学生讨论

1. 传统编程学习流程需要哪些步骤？
2. AI编程能加速哪些环节？
3. 如何验证AI生成代码的正确性与安全性？

学习导图

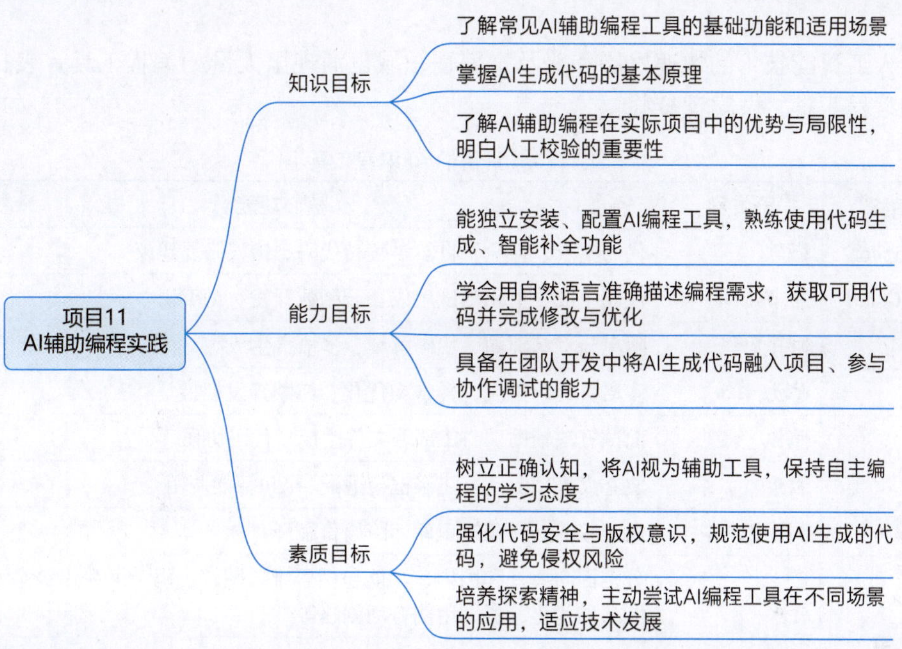

知识学习

11.1　主流 Python 开发工具

1. PyCharm

PyCharm是功能强大的专业Python集成开发环境(IDE)，具备智能代码补全、代码导航、代码重构等高级功能，能显著提高开发效率。它对大型项目支持良好，可方便地管理项目结构、依赖项等。它的社区版免费，专业版须付费，适合从初学者到专业开发者的各类人群。

2. VS Code

VS Code(Visual Studio Code)属于轻量级但扩展性极强的代码编辑器。通过安装 Python 相关插件，可实现代码高亮、智能提示、调试等功能。它支持多种编程语言，拥有丰富的扩展市场，能满足不同开发需求。另外，它跨平台且免费，深受开发者喜爱。因VS Code具备开源免费、跨平台支持、轻量高效等特点，本项目选择VS Code作为开发工具。

3. IDLE

IDLE是Python自带的集成开发环境，简单、易用，适合初学者学习 Python 基础语法和进行简单代码测试。它提供交互式命令行和脚本编辑两种模式，便于即时验证代码效果。

11.2　常用的 AI 编程工具

随着人工智能技术的快速发展和普及，编程领域也涌现出大量AI编程工具，表11-1列出常用的AI编程工具，供读者参考。

表 11–1　常用的 AI 编程工具

工具名称	开发商	核心功能
GitHub Copilot	微软	代码生成、补全，自然语言转代码、错误修复建议
豆包MarsCode	字节跳动	代码生成、单元测试生成、云函数开发、API测试
通义灵码	阿里巴巴	阿里云SDK辅助、代码解释、多语言生成
CodeArts	华为	多语言代码生成、昇腾AI优化、鸿蒙开发模板
CodeTop	腾讯	面试算法辅助、TKE部署文件生成、代码协作
Comate	百度	文心大模型驱动、飞桨框架适配、API智能调用
iFlyCode	科大讯飞	语音编程、行业知识库、跨语言翻译
Trae/Yuma	字节跳动	分别面向海外和国内，功能包括思维导图转代码、可视化协作编辑、智能布局优化、测试用例自动创建等
CodeGeeX	清华大学团队	跨语言代码生成与翻译、代码解释与优化、大模型微调
DeepSeek Coder	深度求索	长文本代码生成、漏洞检测、跨文件上下文理解
Raccoon	商汤科技	代码生成、代码翻译、测试用例生成

11.3　AI 编程的开发流程

1. 需求分析

明确要解决的问题和实现的功能，例如开发校园天气小工具，应确定要获取哪些天气信息(温度、湿度等)、如何展示(GUI 界面)、穿衣建议规则等。清晰、准确的需求分析是后续开发的基础。

2. 设计阶段

架构设计：规划程序的整体架构，确定模块划分，如天气数据获取模块、穿衣建议生成模块、GUI 展示模块等，以及模块间的交互方式和数据流向。

算法设计(若涉及复杂逻辑)：如生成穿衣建议时，确定温度区间划分和对应建议的逻辑算法。若使用机器学习相关AI功能，要选择合适的算法模型(如回归算法预测天气趋势等)。

3. 借助AI编程工具生成代码并完善

代码生成：使用AI编程工具，根据需求和设计向其输入指令，如"用Python的tkinter库创建一个GUI窗口用于展示天气信息"，让AI生成基础代码框架。

代码完善与调整：开发者依据具体业务逻辑对AI生成的代码进行完善，补充细节、修正错误、调整参数等，使其符合项目实际需求。

4. 测试阶段

功能测试：检查程序是否实现了预定功能，如能否正确获取天气数据、展示穿衣建议等。可手动测试，也可编写自动化测试脚本。

性能测试：评估程序性能，如响应时间、资源占用等，确保能在实际使用场景中稳定、高效地运行。

安全性测试：检查是否存在安全漏洞，如数据泄露风险、非法访问等。

5. 优化与部署

优化：根据测试结果，对代码进行优化，如优化算法提高效率、减少资源占用等。

部署：将开发好的程序部署到目标环境中，如服务器、本地设备等，使其可供用户使用。

11.4 代码质量与安全管控

1. 验证AI生成代码正确性之单元测试

单元测试是对程序中最小可测试单元(如函数、类的方法)进行测试。通过设计一系列测试用例，验证代码在不同输入情况下的输出是否符合预期。

以Python为例，使用unittest或pytest测试框架。例如对于获取天气数据的函数，可编写测试用例传入不同的模拟参数(如不同经纬度)，检查函数返回的温度、湿度数据是否合理；对于穿衣建议生成函数，传入不同温度值，验证返回的建议是否正确。编写好测试用例后，运行测试框架，它会自动执行测试用例并给出测试结果。若测试失败，开发者可据此定位和修复代码问题。

2. 验证AI生成代码正确性之代码审查

代码审查是人工对代码进行全面检查，从代码逻辑、编程规范、可读性、安全性等多个角度评估代码质量。审查要点如下。

(1) 逻辑正确性。检查代码是否正确实现了需求功能、逻辑是否合理。例如天气数据获取代码中，检查请求API的流程是否正确，以及数据解析逻辑是否能准确提取温度、湿度等信息。

(2) 编程规范。查看代码是否遵循Python的编程规范(如PEP8)，包括变量命名、代码缩进、注释规范等。规范的代码更易于理解和维护。

(3) 可读性。评估代码是否清晰、易懂，复杂逻辑是否有适当注释说明。较强的可读性可降低后期维护成本。

(4) 安全性。排查代码是否存在安全隐患，如是否对用户输入进行了安全验证，防止SQL注入、跨站脚本攻击等(虽然天气小工具项目中的此类风险相对较小，但在涉及用户交互等场景时须重视)；检查API调用时密钥等敏感信息是否妥善处理，避免泄露。

实训任务

任务1 开发课堂随机抽签系统

下面先小试牛刀，用AI编写一个课题随机抽签系统。

1. 需求分析

编写一个在课堂教学中随机抽签的系统，从1~50号中随机抽取一个学号，并显示抽签记录。因系统功能单一，为便于使用，此处制作一个静态网页版的随机抽签系统。

2. 选择AI工具

此处选用字节跳动公司旗下的人工智能产品豆包。豆包是一款集对话交互、内容创作、学习辅助、编程支持等多功能于一体的智能助手，具有强大的语言理解和生成能力，能进行个性化交互，且知识面较广，使用便捷。豆包的AI编程功能强大，支持超100种编程语言，具备代码生成、补全、解释、优化、调试、修复及单元测试生成等功能，还能集成主流IDE，跨平台使用。

3. AI生成代码

在浏览器地址栏中输入https://www.doubao.com打开豆包交互界面，如图11-1所示。

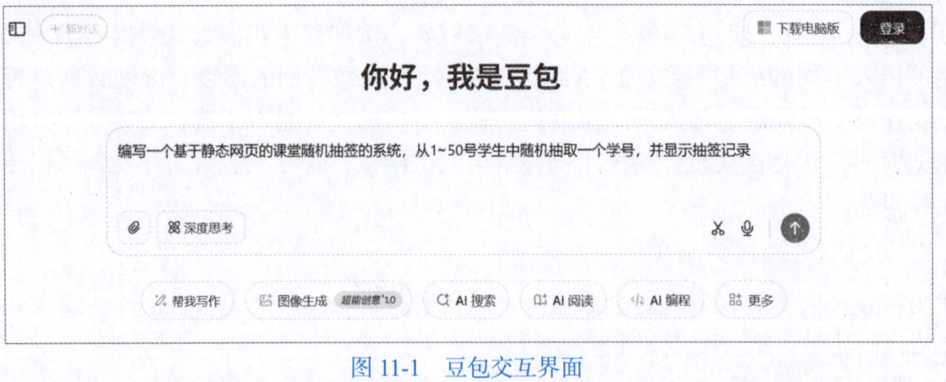

图 11-1 豆包交互界面

用户可以选择交互界面下方功能区的“AI编程”图标，或者直接在当前界面提问，豆包能够自动识别用户需求，并自动调用AI编程功能。建议用户用手机号登录豆包，便于查看历史对话，也便于在豆包中直接预览AI生成的网页。在豆包输入框中输入编程需求“编写一个基于静态网页的课堂随机抽签的系统，从1~50号中随机抽取一个学号，并显示抽签记录”，请求发送之后，豆包便会根据提问内容生成所需要的代码，如图11-2所示。

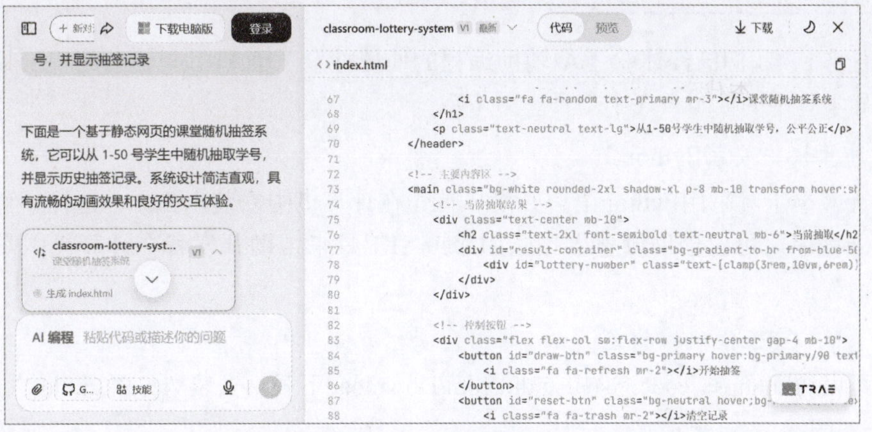

图 11-2　生成代码

4. 测试优化

在豆包AI编程界面选择“预览”功能后，可查看代码运行效果，如图11-3所示。如果对运行效果不满意，或者觉得程序有需要修改的地方，可以对代码进行修改，如输入“开始抽签后3秒钟内出结果”“增加抽签记录删除功能”等，让AI优化代码。如果运行测试时发现程序功能无法实现，例如测试后无法删除记录，可告诉AI“无法清除全部记录”，让AI检查代码并重构程序。如果读者熟悉网页设计技术，可以将AI生成的代码复制到HBuilder等Web开发工具中，借助人工经验对代码进行调试。建议读者将AI生成的代码复制并粘贴到记事本文件中，然后将文件拓展名由.txt改为.html，在浏览器环境中运行测试，也可借助HBuilder等工具进行运行测试。

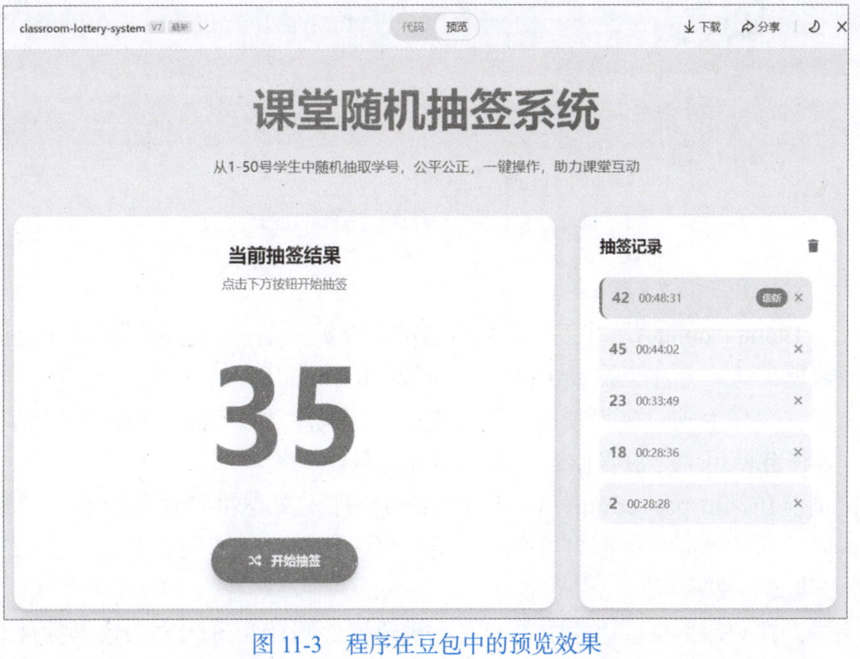

图 11-3　程序在豆包中的预览效果

任务 2　开发校园天气小工具

通过任务1，我们已经体验了AI辅助编程的便捷性，下面利用AI辅助编程工具来帮助实现“案例导学”中的校园天气小工具。

1. 在计算机中安装Python

校园天气小工具采用Python语言开发，首先在计算机中安装Python，这样才可以编辑和运行Python程序。可以借助浏览器搜索引擎或AI工具来帮助开发者在计算机中安装和配置Python。

2. 安装VS Code代码编辑器

用户可以访问https://code.visualstudio.com/Download下载、安装Visual Studio Code。

3. 在VS Code中设置Python环境

在VS Code左侧栏单击“扩展”图标，或者使用快捷键Ctrl+Shift+X打开插件市场。在顶部的搜索框输入插件名称或关键词，这里输入Python，如图11-4所示，分别安装Python、Python Debugger两个插件。

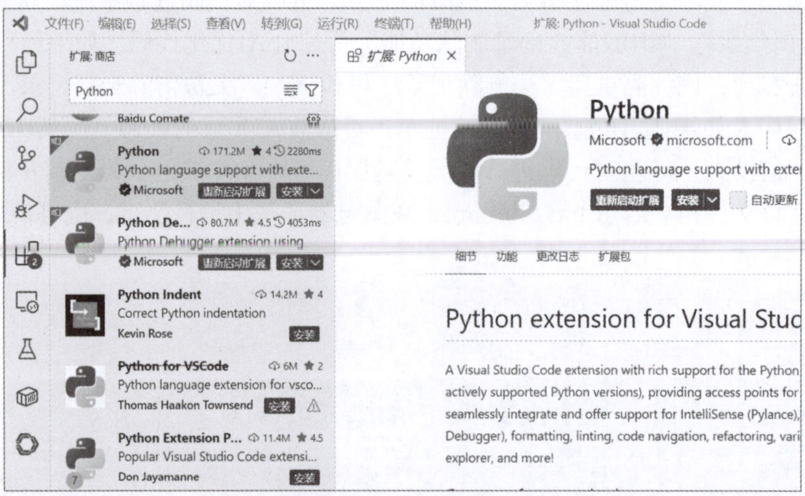

图 11-4　在 VS Code 中设置 Python 环境

4. 在VS Code中安装文心快码

文心快码(Baidu Comate)是基于文心大模型的智能编程助手。它利用百度丰富的编程实践数据和开源数据训练，专注于提升实际研发场景中的代码开发效率与质量，核心功能涵盖代码生成与推荐、注释生成、缺陷查找、优化建议、代码库深度解读，以及关联私有知识库生成新代码。本任务使用文心快码作为AI辅助编程工具。

通过浏览器访问https://comate.baidu.com/zh，进入文心快码官网，选择“个人免费使用”，进入插件安装界面，如图11-5所示。用户可以选择“快速安装”或“手动安装”，在VS Code中安装文心快码。

安装完毕，在VS Code左侧栏中单击文心快码插件图标，进入文心快码插件登录界面，选择Zulu标签页，如图11-6所示。Zulu是百度文心快码推出的AI自动编程智能体，它能根据自然语言需求直接生成可运行代码，可以简化开发流程，提升编程效率。在VS Code中首次使用文心快码需要通过百度账号进行登录。登录之后，就可以使用Comate Zulu智能体进行AI辅助编程，如图11-7所示。

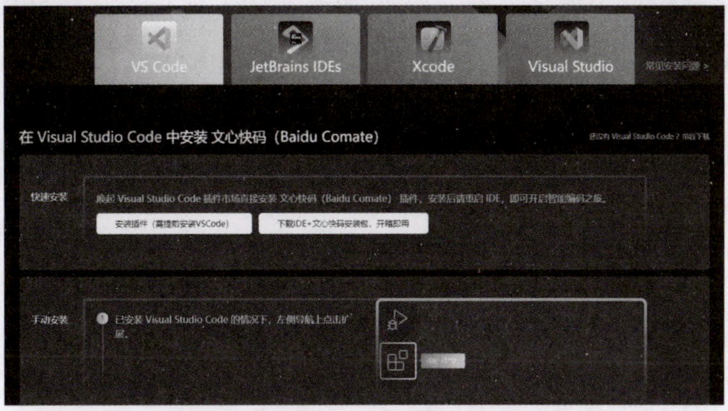

图 11-5　在 VS Code 中安装文心快码

图 11-6　文心快码登录界面

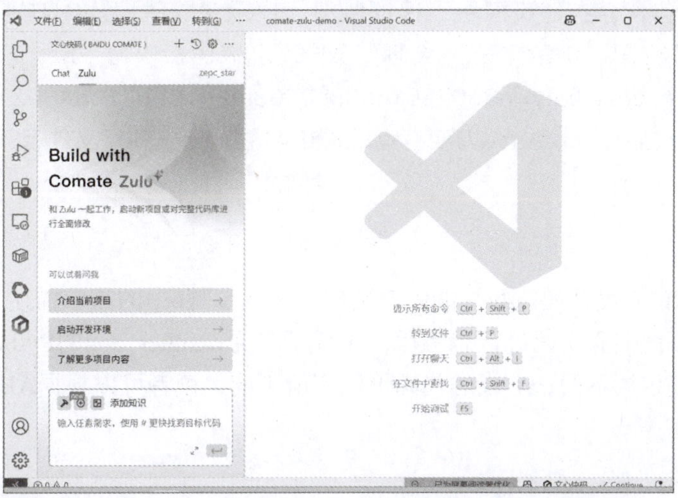

图 11-7　使用文心快码 Zulu 智能体进行 AI 辅助编程

5. 准备天气预报接口

开发校园天气小工具需要获取校园所在城市的天气信息。我们利用“聚合数据”提供的天气预报API接口获取天气信息，读者可访问网址https://www.juhe.cn/docs/api/id/73注册会员并申请使用天气预报接口，普通会员可每天免费调用天气预报接口50次。在“聚合数据”个人数据中心，可以查看申请的天气预报API，其中AppKey是获取天气预报信息必需的参数，如图11-8所示。用户可以通过查看API文档了解接口的使用方法。在本任务中，我们使用“http://apis.juhe.cn/simpleWeather/query?key=a33065613a8850603a85f70bb21bd460&city=郑州”来获取郑州市实时天气和近5天的天气信息，读者可根据需要修改key和city两个参数。调用天气预报API接口获取的数据将以JSON格式交给Python程序处理。

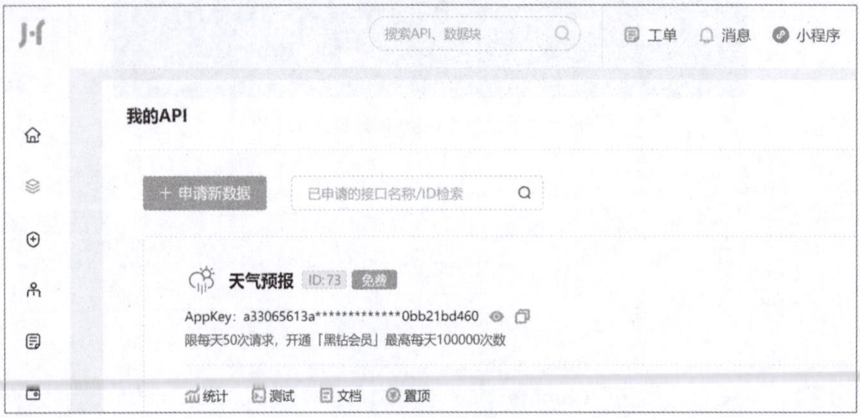

图 11-8　查看天气预报 API

6. 校园天气小工具需求描述

下面利用文心快码来实现校园天气小工具。首先需要向AI清晰描述项目的需求。结合前面对校园天气小工具功能模块的分析，提出以下需求描述。

> 开发基于Python的校园天气小工具。使用Python的标准GUI库tkinter创建可视化交互界面。程序包含穿衣建议模块，根据气温，显示穿衣建议。GUI界面中显示当前天气信息和穿衣建议，界面简洁、布局合理。天气预报API接口为“http://apis.juhe.cn/simpleWeather/query?key=a33065613a8850603a85f70bb21bd460&city=郑州”，其中参数key为AppKey，参数city为要查询的城市名称。列出项目文件目录结构和每个程序文件代码。

7. AI生成代码

在图11-7所示的百度快码Zulu智能体对话框中输入步骤6中的需求描述，单击对话框中的“发送”按钮。百度文心快码进行思考后，生成了名为weather_app的Python程序，如图11-9所示。输入的AI提示词不同，生成的代码可能有所不同，读者可以根据AI思考过程来研究程序代码的生成过程。

8. 运行测试及优化

在VS Code中运行AI生成的Python程序weather_app.py，可以看到校园天气小工具运行界面，如图11-10所示。在程序中输入城市名称，然后单击“查询天气”按钮，就可以看到城市的实时天气信息及穿衣建议。读者可以借助AI工具对程序进一步优化，如果对Python编程比较熟悉，也可以采用人工方式对AI生成的代码进一步修改、优化。

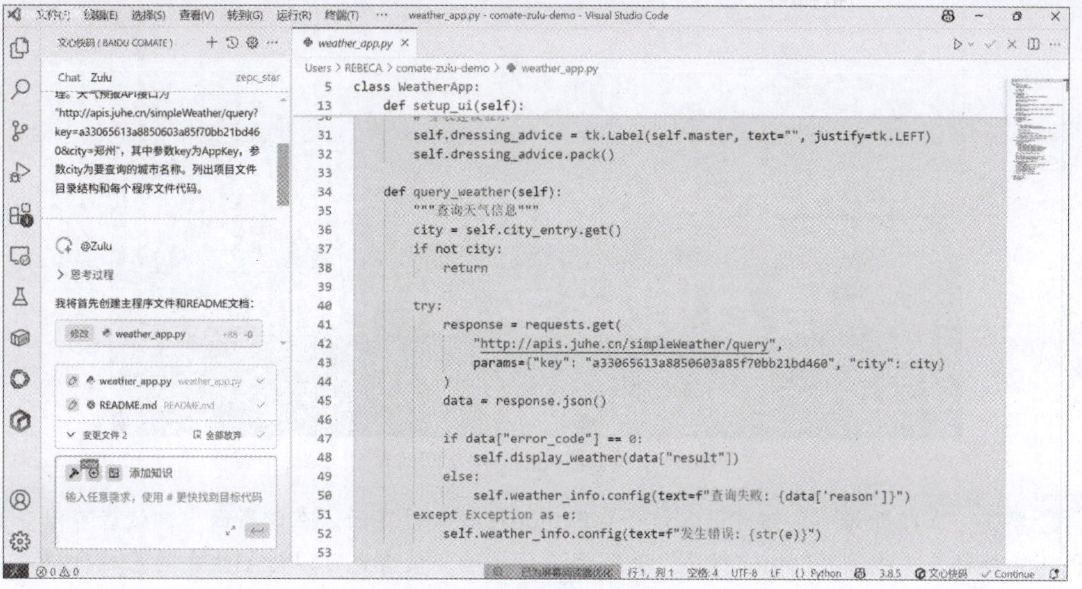

图 11-9　文心快码生成代码

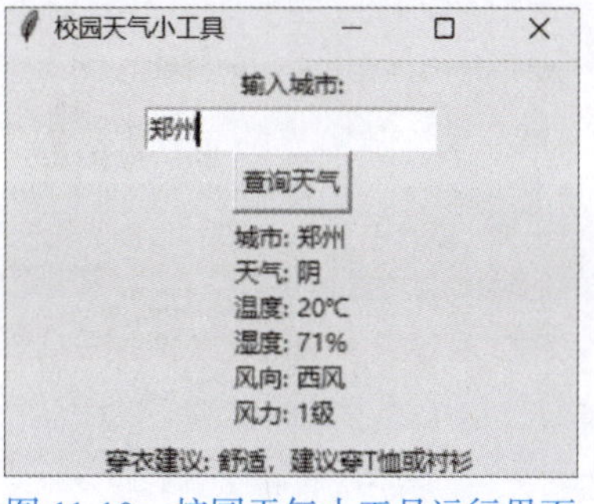

图 11-10　校园天气小工具运行界面

拓展知识

1. Codecademy 是全球领先的在线编程教育平台，创立于2011年。其核心特色是通过交互式代码实践环境，支持学习者在浏览器中直接编写、调试并即时验证代码结果，无须配置本地开发环境。平台课程体系覆盖12种以上主流编程语言与技术领域，包括Python、JavaScript、SQL等语言基础，以及网页开发、数据科学、人工智能等应用方向。学习路径采用分层设计，包括免费基础课程，提供语法入门与核心概念训练，以及职业路径(Pro版)，如“全栈工程师”路径，整合多门课程与实战项目，形成系统性技能闭环。平台通过分步任务引导、实时错误反馈降低学习门槛，结合成就徽章与社区问答增强学习动力。截至当前，平台已吸引全球数百万用户，累计完成超210万次编程练习，其学练一体的模式成为初学者高效掌握编程技能的典型范式，相关认证可衔接职业发展需求。

在浏览器中输入https://www.codecademy.cn，进入Codecademy中文网站，如图11-11所示。

图 11-11　Codecademy 中文网站界面

单击“立即开始”按钮可进入该平台Python在线学习界面。在该界面中，读者可以查看Python教程，在线编写Python程序，并测试运行代码。读者也可以将AI生成的基础代码复制并粘贴到这里进行测试。图11-12所示是用AI生成的九九乘法表程序及代码运行的结果。

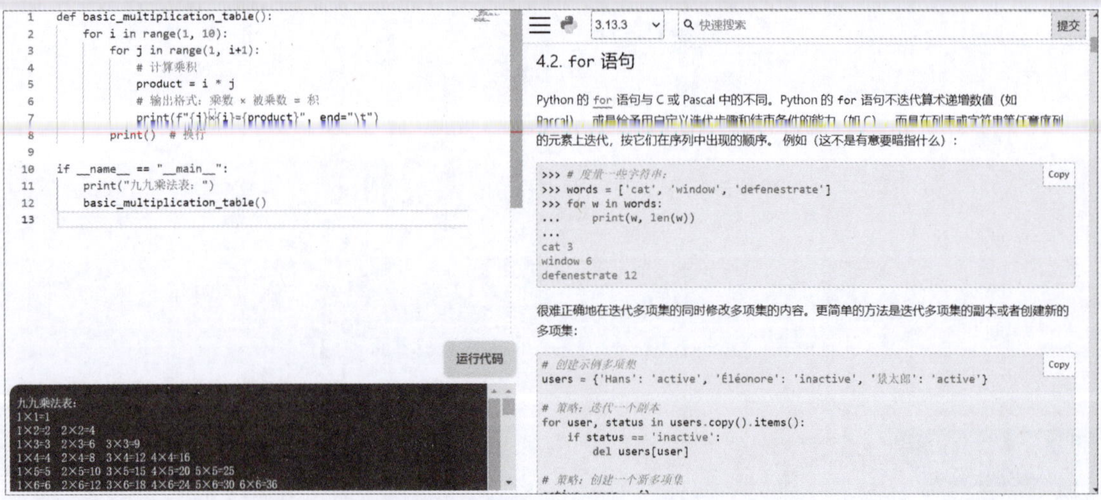

图 11-12　程序及代码运行结果

2. LeetCode(力扣)是全球范围内广受欢迎的专业在线编程训练平台，以算法题库和面试准备为核心竞争力。它汇聚了海量精心设计的编程题目，覆盖数据结构和算法等计算机科学核心领域。平台题目通常按照难度分级(简单、中等、困难)，并细致分类，方便用户按需学习和完成挑战。用户可以在浏览器中直接编写代码(支持包括Python、Java、C++、JavaScript等主流语言)，提交后系统会立即进行自动测试，提供运行结果、执行用时和内存消耗等反馈。通过系统性地刷题练习，用户可以深刻理解算法思想，提升逻辑思维、问题分析和代码实现能力，从而在激烈的求职竞争中脱颖而出。

LeetCode在线面试功能是专为技术招聘场景设计的核心服务，它无缝集成了平台强大的题库、实时协作工具与自动化评测系统，为面试官和候选人提供了一个高效、公平且专业的评估环境。它搭载了高性能判题引擎，能在毫秒级时间内对候选人提交的代码进行全量测试，并即时返回运行结果、时间复杂度和内存消耗等关键指标，显著减少面试中的主观判断偏差。在面试过程中，双方共享一个沉浸式的编码环境，支持实时协同编辑、音视频通话及文字聊天，完美模拟现场白板讨论体验。面试结束后，系统自动生成详细评估报告，包含每题通过率、执行效率排名及错误用例分析，为录用决策提供坚实的数据支撑。LeetCode在线面试已成为技术招聘领域公认的黄金标准工具，极大提升了评估效率和准确性。

在浏览器中输入LeetCode中文官网网址https://leetcode.cn，注册会员并登录网站，在“企业服务”栏目中选择“在线面试”功能，进入“面试”页面，如图11-13所示。

图11-13 “面试”页面

单击“创建面试”按钮，在弹出的对话窗口中选择“快捷面试”或“预约面试”。这里选择“快捷面试”，设置面试名称后进入面试界面，如图11-14所示。在面试界面单击图标“+”创建新题。

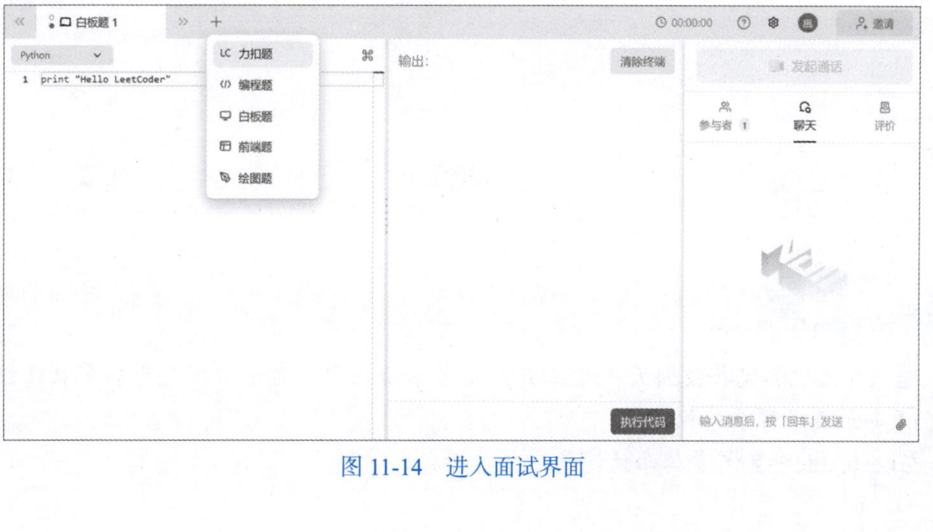

图11-14 进入面试界面

选择“力扣题”后，打开“创建新题”界面，如图11-15所示。在“创建新题”界面设置添加面试题目，每项面试最多选择20道题目。

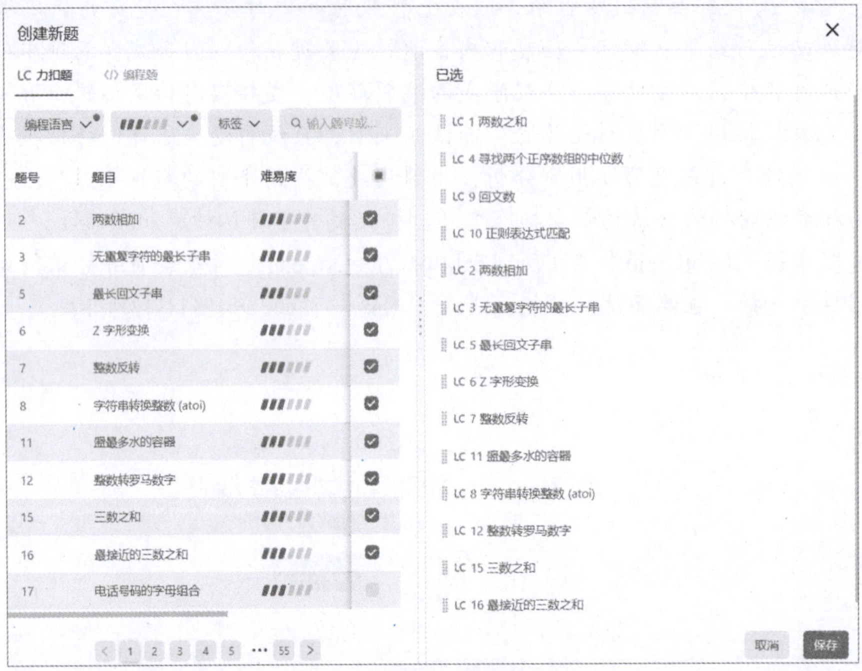

图 11-15 创建新题

面试题目创建完毕后单击“保存”按钮，进入面试测试界面，如图11-16所示。读者可以自行借助AI进行面试测试，也可以邀请其他人员或其他面试官一同参与。

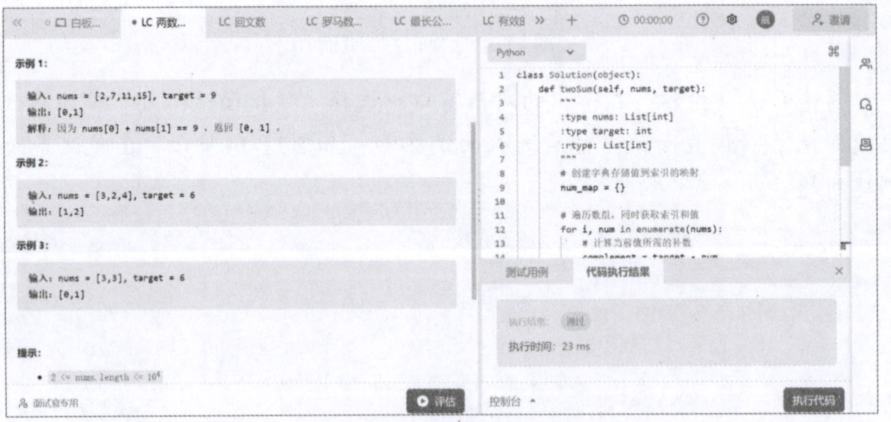

图 11-16 面试测试界面

作业与测评

1. 进一步优化和完善校园天气小工具，要求界面上除了显示实时天气和穿衣建议，还要增加近5天的天气及穿衣建议。

2. 在LeetCode中定制专属面试题集，并进行在线学习。

第Ⅲ篇

专业进阶

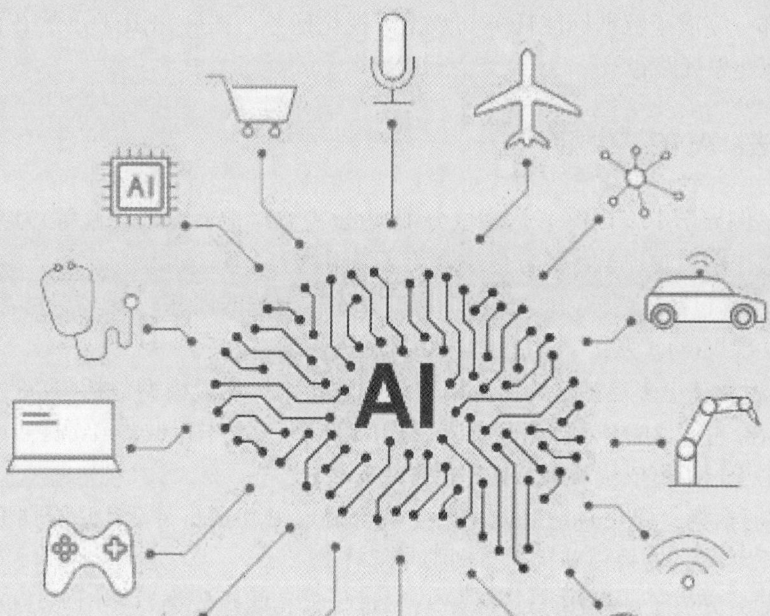

本篇围绕人工智能的三大核心要素——数据、算法、算力，通过具体案例阐述其在实际场景中的应用与关键技术，内容简单介绍如下，详细内容可扫二维码下载。

项目 12 数据：AI 的“燃料”

本项目的案例导学中，以高职学校食堂总剩菜的问题为案例，说明数据在AI中的核心作用。知识学习部分详细介绍了以下内容。

(1) 数据质量，需要满足准确性(反映真实情况)、完整性(无关键信息缺失)、一致性(无逻辑矛盾)、时效性(反映当前状态)、唯一性(无重复记录)、有效性(符合格式规范)，否则会导致“垃圾进、垃圾出”。

(2) 数据预处理流程，包括采集(智能设备、人工记录、系统日志、问卷等方式)、清洗(处理缺失值、异常值、重复数据等)、标注(为数据添加结构化标签，如菜品的辣度、荤素)、可视化(通过柱状图、折线图等呈现规律，如销量与天气的关联)。

(3) 开放数据集，可补充内部数据，如天气数据(分析对销量的影响)、节假日和校历数据(判断就餐高峰)、营养成分数据(优化菜品健康性)等，来源包括政府数据门户、国际组织平台等。

实训任务部分完成了数据标注任务和数据可视化任务，拓展知识部分介绍了数据标注员和数据分析师职业发展路径。

项目 13 算法：AI 的“大脑”

本项目的案例导学中，以图书馆座位分配问题(占位严重、分配混乱等)为案例，介绍算法在AI中的核心作用。知识学习部分详细介绍了以下内容。

(1) 机器学习，包括监督学习(如分类、回归，用标记数据训练)、无监督学习(如聚类，从无标记数据中发现规律)、强化学习(通过奖励机制优化策略)。

(2) 深度学习，基于多层神经网络，可自动提取特征，主流模型包括CNN(处理图像，如YOLO用于目标检测)、RNN(处理序列数据，如LSTM用于文本生成)、Transformer(基于自注意力机制，适用于长距离依赖预测，如座位使用时长)。

(3) 深度学习框架，如TensorFlow(适合生产部署)、PyTorch(灵活，适合研究)、Keras(易用，适合快速开发)等，支持模型构建、训练与部署。

实训任务部分完成了使用HOG特征和SVM进行猫狗图像分类、使用YOLOv11进行图书馆座位实时检测、使用Transformer预测座位需求等任务。拓展知识部分介绍了高职学生的职业发展内容。

项目 14 算力：AI 的“引擎”

本项目的案例导学中，以AI识别停车场车位为案例，阐述算力对AI实时性与效率的支撑。知识学习部分详细介绍了以下内容。

(1) 算力的核心概念与作用。算力以FLOPS(浮点运算/秒)、OPS(整数运算/秒)为单位，精度包括FP64(科学计算)、INT8(AI推理)等。AI模型规模的增长推动算力需求激增，如GPT-3训练需要3640PFLOPS × 天。

(2) 算力的硬件类型与选择，包括中央处理器、图形处理器、专业集成电路、现场可编程门阵列，以及算力硬件的选择策略等内容。

(3) 算力优化技巧，介绍了常见算力优化方法，减少对高性能硬件的依赖，提升AI系统的运行效率。

实训任务部分为学校停车场设计低成本车位识别方案，采用边缘设备和轻量化模型，平衡性能与预算。拓展知识部分介绍了我国具有自主知识产权的芯片产品。

本篇通过具体案例串联数据、算法、算力的关键技术，展示了AI在餐饮、图书馆、停车场等场景的落地逻辑，强调三者协同对AI系统高效运行的重要性。

参考文献

[1] 周辉，闫文光.中国人工智能算力产业发展的规制困境及其解决路径[J]. 北京工业大学学报(社会科学版)，2025，25(01):87-102.

[2] 李先军. 人工智能时代的中国算力市场高质量发展：现实图景、发展逻辑和政策建议[J].财经智库，2024，9(02):75-94+137-138.DOI:10.20032/j.cnki.cn10-1359/f.20241024.001.

[3] 商轩. 人工智能发展的三大引擎：算法、算力、算料[J]. 商业文化，2024，(17):34-35.

[4] 李白杨，白云，詹希旎，等.人工智能生成内容(AIGC)的技术特征与形态演进[J]. 图书情报知识，2023，40(01):66-74.

[5] 张贵香，贾君枝. 生成式AI时代下的提示素养培育研究[J]. 大学图书馆学报，2024，42(06):63-71.

[6] 徐进，王珏.开源人工智能“伦理-技术共构”的治理范式演进[J]. 华东师范大学学报(哲学社会科学版)，2025，57(04):27-35+176.DOI:10.16382/j.cnki.1000-5579.2025.04.002.

[7] 张鹤译，王鑫，韩立帆，等.大语言模型融合知识图谱的问答系统研究[J]. 计算机科学与探索，2023，17(10):2377-2388.

[8] 孙博.基于生成对抗网络的文本自动生成方法研究[D]. 哈尔滨：哈尔滨工业大学，2018.

[9] 丁鹏，张毅.从特征辨识到图像生成：基于AIGC范式的苗族服饰设计[J]. 丝绸，2024，61(03):1-10.

[10] 李悦，张泽洋. AI系统在广播语音生成文本中的应用探索——以江苏广播应用实践为例[J]. 传媒评论，2018，(06):35-37.

[11] 冯雨奂. AIGC时代教育的视频化转向及其风险应对——由文生视频模型Sora引发的思考[J]. 思想理论教育，2024，(05):27-33.DOI:10.16075/j.cnki.cn31-1220/g4.2024.05.015.

[12] 邱晓红，杨瑞安，敖紫迎，等. C语言代码缺陷分析辅助编程实践系统[J]. 计算机系统应用，2022，31(03):95-102.DOI:10.15888/j.cnki.csa.008382.

[13] 刘勘，周晓峥，周洞汝. 数据可视化的研究与发展[J]. 计算机工程，2002，(08):1-2+63.

[14] 王万良. 人工智能导论[M]. 5版. 北京：高等教育出版社，2020.

[15] 张良均，王路，谭立云，等. Python数据分析与挖掘实战[M]. 2版. 北京：机械工业出版社，2022.

[16] 黑马程序员. Python数据分析与应用：从数据获取到可视化[M]. 2版. 北京：中国铁道出版社，2024.

[17] 赵建勇，周苏. AIGC 通识教程(微课版)[M]. 北京：人民邮电出版社，2025.

[18] 侯晓芳，何瑛. 人工智能基础与应用(AIGC 版・慕课版)[M]. 北京：人民邮电出版社，2025.